技能型人才培养"十三五"规划教材
职业教育"1+X"课程教材
浙江省"三名"工程优势特色专业建设项目成果

食品雕刻入门

主　编　朱成健

副主编　杜险峰　沈勤峰

ZHEJIANG UNIVERSITY PRESS
浙江大学出版社

前　言

自改革开放以来，我国的烹饪教育得到了快速发展，烹饪专业教材建设取得了丰硕的成果。但是，随着生活水平的不断提高，人们对烹饪教学提出了许多新的要求，同时，餐饮业自身也发生了许多新变化，因此编写一本符合中等职业教育烹饪专业发展要求，满足烹饪教学需要，规范、实用的烹饪专业教材就显得尤为重要。

食品雕刻是雕刻艺术的一个分支，也是我国烹饪技术中的一朵奇葩。《食品雕刻入门》分为基础篇、实践篇和食品雕刻精品赏析，图文并茂，浅显易学，体例活泼新颖，既可作为中等职业学校烹饪专业的实训配套教材，也可作为酒店管理培训、烹饪技能培训、短期食品雕刻培训、食品雕刻爱好者的参考用书。

在教学过程中，应结合中等职业学校烹饪专业毕业生的就业方向，有侧重地选择食品雕刻品种进行教学。教学内容主要包括食品雕刻概论、食品雕刻原料的识别与选用、食品雕刻的工具及其磨制方法、食品雕刻的基本操作方法、食品雕刻的工艺程序和基本要求、食品雕刻半成品、成品的保存方法、食品雕刻设计与创作、食品雕刻的应用与展台制作步骤。实践篇包括平面类、花卉类、鸟类、建筑类、浮雕类、立体类、人物雕类、琼脂雕类、黄油雕类等雕刻技艺的训练。

阅读《食品雕刻入门》，读者一方面可以学习食品雕刻基础知识、技能知识和相关的造型艺术，另一方面也可以加强对食品雕刻技艺的训练。考虑到烹饪专业学生毕业时实行"双证制"的现实要求，在编写过程中注意参考人力资源和社会保障部技能鉴定的相关标准，并适当借鉴国际职业标准，将职业教育与职业资格认证紧密结合起来，避免学历教育与职业资格鉴定脱节。

本书由浙江省烹饪大师、义乌市城镇职业技术学校朱成健担任主编，哈尔滨商业大学旅游烹饪学院杜险峰和湖州市德清职业中等专业学校沈勤峰担任副主编，浙江旅游职业学院厨艺系吴忠春、丽水市职业高级中学吴卫杰、临海市中等职业技术学校裘海威、北京市延庆区第一职业学校蒋立超参加了编写，并提供作品图片。其中基础篇由朱成健编写，实践篇由朱成健、杜险峰、沈勤峰编写，食品雕刻精品欣赏图片由吴卫杰、吴忠春、裘海威、蒋立超提供，朱成健承担了全书统稿工作。在编写的过程中，我们得到了浙江省特级教师周文涌、浙江商业职业技术学院旅游烹饪学院赵刚、义乌锦都酒店行政总厨朱国平等行业专家和烹饪大师的大力支持和帮助，并获得了许多宝贵意见。同时，编者也参阅了一些教材和著作，在此表示衷心的感谢！

由于编写时间仓促，加上编者水平有限，书中难免有不足之处，敬请广大读者批评指正。

本书讲授学时具体安排建议如下：

模块	教学内容		学时数
基础篇	食品雕刻概论	食品雕刻的定义和作用	1
		食品雕刻的分类、特点和要求	1
	食品雕刻原料的识别与选用	常用食品雕刻原料的种类和用途	2
		食品雕刻原料的选材和取材原则	1
	食品雕刻的工具及其磨制方法	食品雕刻的常用工具及使用方法	2
		磨制食品雕刻刀具的方法	1
	食品雕刻的基本操作方法	食品雕刻的手法	1
		食品雕刻的刀法	1
	食品雕刻的工艺程序和基本要求	食品雕刻的工艺程序	1
		食品雕刻的基本要求	1
	食品雕刻半成品、成品的保存方法	食品雕刻半成品、成品的保存	1
	食品雕刻设计与创作	食品雕刻设计的基本要求	1
		食品雕刻创作的基本步骤	1
		食品雕刻创作的基本原则和常用技法	1
		食品雕刻作品的命名方法	1
		食品雕刻题材及应用	1
		各种造型所表达的意义	1
	食品雕刻的应用与展台制作步骤	食品雕刻的应用	1
		食品雕刻应用中的注意事项	1
		食品雕刻展台的制作步骤	1

模块	教学内容		学时数
实践篇	食品雕刻技艺	技能训练一　平面类	12
		技能训练二　花卉类	27
		技能训练三　鸟类	22
		技能训练四　建筑类	39
		技能训练五　浮雕类	6
		技能训练六　立体类	42
		技能训练七　人物雕类	15
		技能训练八　琼脂雕类	6
		技能训练九　黄油雕类	12
食品雕刻精品赏析			3
总　计			206

目 录

 基础篇

实践篇

 食品雕刻精品赏析

基础篇

第一章　食品雕刻概论

◎学习目标：

　　了解食品雕刻的定义、作用、分类、特点和要求。

◎教学时数：

　　2 学时。

第一节　食品雕刻的定义和作用

一、食品雕刻的定义

食品雕刻是指食品造型美化工艺，是运用特种刀具、刀法，将具有一定可塑性的固体烹饪原料雕刻成花卉、鸟兽、山水、鱼虫等具体形象的一门雕刻技艺。

二、食品雕刻的作用

众所周知，我国的烹饪之所以能饮誉世界，首先贵在菜肴"色香味"的诱人直观美，又妙在"形器饰"的艺术感染美，两者匠心独运的和谐结合，就成为食趣倍增、口福眼福兼享的美食工艺品。顾名思义，美食成为工艺品，归功于艺术造型。由此，恰当的艺术装饰，可以美化菜肴形态，提高菜肴的品位，增进菜肴色彩、形态的感染力，诱人食欲，给人以高雅优美的享受；可增添宴席工艺效果，活跃宴席的欢乐氛围。

食品雕刻是我国烹饪技术中不可缺少的一个重要组成部分，是菜肴优化工艺中一颗璀璨明珠。它是在石雕、木雕等雕刻的基础上逐步形成和发展起来的。食品雕刻起源于古代祭祀活动，现在则广泛地应用到宴席菜肴之中，对提高宴席艺术效果，使菜肴绚丽多彩，起到了极其重要的作用。

三、食品雕刻的性质

食品雕刻既具雕刻技术性，又具艺术性，又近似于玉石雕、木雕与泥雕的本质，所以艺术灵感与造型创造的要求是相似的。但是由于雕刻的原料不同，应用的场合、方式、时间不同，使用的刀具、刀法也有所不同，尤其是操作的环境条件要求有很大的差异，所以食品雕刻是一种需要在短时间内完成细致而又有一定顺序的"柔性"工艺。因为食品雕刻作品是布设在菜肴旁或餐桌上的，所以必须严格避免交叉感染，确保人们身体健康。

食品雕刻的作用分可食性与观赏性。可食性通过熟食品（如蛋制品、方腿、红肠等）或生食品（如水果、番茄、黄瓜等）的雕刻加工来实现；观赏性均通过瓜果与蔬菜根茎的雕刻加工来实现。可食性雕刻多作为菜肴围边或分体、立体雕配色附件，立体雕不论大小多属观赏性。

菜肴艺术装饰的表现形式多样，有冷热菜的一般美化装饰与形象艺术造型，以及平面或立体食品雕刻陪衬装饰，或若干大型立体雕组成展览花坛等几种。其中要算大型立体雕的艺术品位最高，效果最佳。

第二节　食品雕刻的分类、特点和要求

一、食品雕刻的分类

1. 按原料不同分为黄油雕、巧克力雕、糖粉雕、面塑雕、冰雕、琼脂雕和果蔬雕等，而应用刀具为主完成的食雕要算果蔬雕最广泛，所以习惯上食雕即泛指果蔬雕。果蔬雕就是利用可供雕刻成艺术造型的瓜果、蔬菜等食品原料，经特定的刀法、手法加工成美食工艺品。

2. 按表现形式分为立体雕和平面雕（见图1-1-1）。

（1）整雕，又称圆雕。整雕就是用整个原料雕刻成为一个具有完整、独立主体的艺术形象，在雕刻技法上难度很高，要求较高，具有极高的欣赏价值，如"雄鹰展翅""寿星""碧波跃鲤"等，通常用于高档宴会或大型酒会上。

整雕的特点是依照实物表现完整的形态，不需要其他物体的支持，从上下、左右、

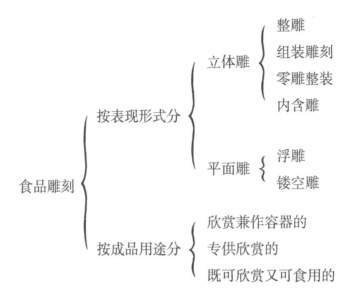

$$
食品雕刻
\begin{cases}
按表现形式分
\begin{cases}
立体雕
\begin{cases}
整雕 \\
组装雕刻 \\
零雕整装 \\
内含雕
\end{cases} \\
平面雕
\begin{cases}
浮雕 \\
镂空雕
\end{cases}
\end{cases} \\
按成品用途分
\begin{cases}
欣赏兼作容器的 \\
专供欣赏的 \\
既可欣赏又可食用的
\end{cases}
\end{cases}
$$

图 1-1-1　食品雕刻的分类

图 1-1-2

前后均可看出它是一个完整的艺术造型。整雕的构思、构图最为关键，在雕刻过程中可以先构思后选料，也可以根据原料的固有特点来进行构思。雕刻必须要认真考虑重心支撑主体形象的问题。整雕可采用雕、刻、切、削、掏、挖、凿、旋、镂等多种技法。下刀时应留有余地，制作时要遵循从大到小，由浅入深，从外到里，从上到下，从整体到局部，由粗到细的原则进行雕刻。

整雕的应用，可以将作品独立放置于盛器中作为艺术品，装点筵席，也可以将作品置于盛器中与菜肴组配，寓意吉祥（见图1-1-2）。

（2）组装雕刻，是指用两块或两块以上原料分别雕刻成型，然后组合成一个完整的形象。组装雕刻艺术性较强，但有一定难度。要求作者具有一定的艺术造型知识、刀工技巧和艺术审美能力（见图1-1-3）。

（3）零雕整装，又称零雕整拼或组合雕，就是将多种原料雕刻成各式各样的部件，然后组装成完整的作品。这种雕刻作品色彩鲜艳，形象逼真，主要用来组装大型作品或展台，如"孔雀开屏""仙鹤趣""中华魂""百鸟朝凤"等。

零雕整装是食雕作品的一种组合式雕刻方法。它与立体雕既有联系又有区别，立体雕在制作中完全是在原料的内部、外部取形、雕刻，这种方法在作品的大小与造型上都会或多或少地给作者带来不便，在构图上也有较大的难度。而用零雕整装的方法则可以最大限度地避开以上局限，为作者的构思、构图提供了较大的空间。零雕整装与立体雕两者之间在立意上是互通的，在雕刻过程中各有利弊：立体雕的难度较大，但雕刻作品浑厚、精深，能够体现食品的奇妙特点；而零雕整装以其操作简便、速度快等优点而深受厨界的欢迎（见图1-1-4）。

图 1-1-3

图 1-1-4

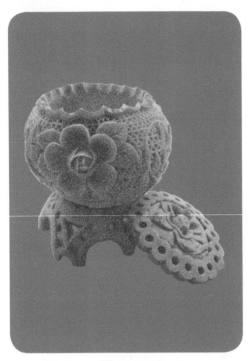

图 1-1-5

图 1-1-6

使用零雕整装法雕刻作品时有以下几点要特别注意：雕刻前的构思，使立意主次分明，主题突出。选择原料，根据作品的要求，多利用原料自然色彩，配色方面应以大方自然为准。将同一颜色或相近颜色的原料组合在一起时，注意整体感；将不同色的原料组装在一起时，注意对比和层次。雕刻作品的零散部件时，需从主体出发，注意比例，使组装作品自然、协调。

（4）内含雕，又称挖雕，是通过洞口在刻品内部施行雕刻的一种技巧，使一部分小件作品在刻品内部立起或滑动旋转而不会落出，犹如口含食品一样。这种方法取材于牙雕、石雕工艺，它具有奇特怪异的艺术风格。用此种雕刻方法可雕刻"双层绣球""龙口含珠""竹篓虾蟹""笼中鸟"等品种。这种雕刻技法是食品雕刻中的特殊技巧，作品非常细腻，但雕刻速度缓慢，刀具独特（见图1-1-5）。

（5）浮雕，就是在原料表面雕出或凹、或凸、或凹凸不平，呈现出各种图案形象的雕刻方法。

凸雕和凹雕虽表现手法不同，却有共同的雕刻原理。同一图案，既可凸雕，也可凹雕。初学者也可事先将图案画在原料上，再动刀雕刻。浮雕主要用来制作一些菜肴的盛器，如冬瓜盅、西瓜盅等（见图1-1-6）。

（6）镂空雕，是在浮雕的基础上，将画

面之外的多余部分剔除，更生动地表现出画面的图案，使作品呈现立体美。如"南瓜灯""西瓜灯""白玉锦瓶"等（见图1-1-7）。

3.按成品用途分为欣赏兼作容器的、专供欣赏的、既可欣赏又可食用的。

二、食品雕刻的特点

1.食品雕刻的刀具没有固定的规格。

2.食品雕刻成品具有两种类型：一种是雕品具有可食性，主要用于美化菜肴，刺激人的食欲；另一种是专供观赏而不能食用的大型雕品，主要用于装饰点缀宴会台面和餐厅环境，以活跃宴会气氛。

3.食品雕刻的原料与成品不易保存。

4.食品雕刻在艺术表现上有两种手法：一种是"写实"，讲究形似，采用这种手法有时能使雕刻达到以假乱真的程度；另一种是"写意"，即讲究神似，略似中国传统绘画的表现方式，如复杂的风景、动植物形象，一般采用夸张、变形、概括等手法，以求神似。

图1-1-7

三、对食品雕刻的要求

1.对食品雕刻的原料要求

（1）根据雕品形态选择原料。

（2）根据雕品的颜色选择原料。

2.对雕品的要求

（1）形态逼真，造型要美观优雅、生动活泼、富有情感。

（2）对既供观赏又具有可食性的雕品，既要讲究艺术性，还要讲究食用性。

（3）要根据宴会的对象及要求设计雕品。

（4）雕品要有思想性、季节性和针对性。

3.对食品雕刻技术的要求

（1）要有一定的艺术修养，除了学习构图知识和艺术表现手法以外，还要在生活中不断地积累素材。

（2）要勤学苦练，特别是雕刻的刀技、刀法。要进行反复多次的锻炼，在雕刻中做到落刀准确、轻快有力、实而不浮、韧而不重、干净利落。学习雕刻的过程中要做到"四多"，即多看别人的作品、多动手苦练、多学有关工艺美术方面的知识、多动脑筋。

思考题：

　　1.什么是食品雕刻？

　　2.食品雕刻的作用有哪些？

　　3.食品雕刻的分类有哪些？

　　4.食品雕刻的特点和要求有哪些？

第二章　食品雕刻原料的识别与选用

◎学习目标：

　　了解食品雕刻的常用原料和用途。

◎技能要求：

　　掌握食品雕刻原料的识别与选用。

◎教学时数：

　　3学时。

　　食品雕刻原料的选择，关系到雕刻作品的好坏。因此，在食品雕刻前选择原料时应慎重考虑下面几个因素：第一，要根据造型大小去选材，第二，要根据造型色泽去选材，第三，要根据造型的质地去选材，这样才能雕刻出理想的作品来。适用于食品雕刻的原料很多，只要具有一定的可塑性，色泽鲜艳，质地细密，坚实脆嫩，新鲜的各类瓜果及蔬菜均可。另外，还有很多能够直接食用的可塑性食品，也可以作为食品雕刻的原料。

第一节　常用食品雕刻原料的种类和用途

一、根茎类原料及用途

　　1.心里美萝卜：又称水萝卜，体大肉厚，色泽鲜艳，质地脆嫩，外皮呈淡绿色，肉呈粉红、玫瑰红或紫红色，肉心紫红（见图1-2-1）。适合于雕刻各种花卉。

　　2.圆白萝卜、长白萝卜：适合雕刻花卉、孔雀等（见图1-2-2）。

图1-2-1

 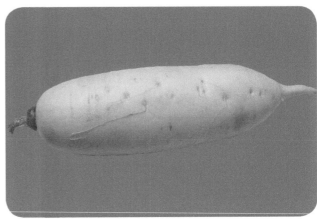

图 1-2-2

图 1-2-3

3.青萝卜：皮青肉绿，质地脆嫩，形体较大，适合雕刻形体较大的龙凤、孔雀、兽类、风景，可雕刻龙舟凤舟和人物及花卉花瓶等（见图 1-2-3）。

4.胡萝卜：形体较小，颜色鲜艳，最适宜雕刻点缀用的花卉及小型的禽鸟、鱼、虫等（见图 1-2-4）。

 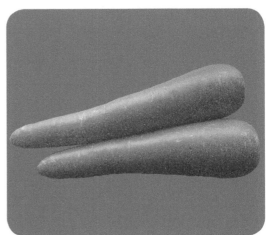

图 1-2-4

5. 苤蓝：呈圆形或扁圆形，肉厚，皮和肉均呈淡绿色，可雕刻花卉、小鸟等（见图 1-2-5）。

6. 土豆：学名是马铃薯，肉质细腻，有韧性，没有筋络，多呈中黄色或白色，也有粉红色的，适合雕刻花卉、人物、小动物等（见图 1-2-6）。

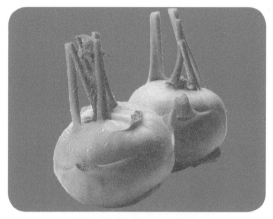

图 1-2-5

图 1-2-6

7. 莴笋：又名青笋，茎粗壮而肥硬，皮色有绿、紫两种。肉质细嫩且润泽如玉，多翠绿，亦有白色泛淡绿的，可以用来雕刻龙、翠鸟、青蛙、螳螂、蝈蝈、各种花卉以及镯、簪、服饰、绣球等（见图 1-2-7）。

8. 紫菜头：也叫甜菜，通常称糖萝卜。皮和肉质均呈玫瑰红、紫红或深红，色彩浓艳润泽，间或有美观的纹路，是雕刻牡丹、荷花、菊花、蝴蝶花等花卉的理想原料（见图 1-2-8）。

图 1-2-7

图 1-2-8

9. 红薯：又名甘薯、番薯、地瓜。肉质呈白色、粉红色或浅红色，有的有美丽的花纹，质地细韧致密，可用以雕刻各种花卉、动物和人物（见图 1-2-9、图 1-2-10）。

图 1-2-9

图 1-2-10

10. 洋葱：形状有扁圆形、球形、纺锤形等，颜色有白色、浅紫色和微黄色。葱头质地柔软、略脆嫩，有自然层次，可用以雕刻荷花、睡莲、玉兰花、小型菊花等（见图 1-2-11）。

图 1-2-11

二、瓜果类原料及用途

可以利用瓜果类原料表面的颜色、形状，雕刻瓜盅、瓜灯、瓜盒、瓜杯等，用来盛装食品、菜肴及起到点缀作用。

1. 西瓜：为大型浆果，呈圆形、长圆形、椭圆形等。由于其果肉水分过多，故一般是掏空瓜瓤，利用瓜皮雕刻西瓜灯或西瓜盅（见图 1-2-12）。

2. 冬瓜：又名枕瓜，一般外形似圆桶，形体硕大，内空，皮呈暗绿色，外表有一层白色粉状物，肉质青白色，也可利用瓜皮雕刻冬瓜灯或冬瓜盅（见图 1-2-13、图 1-2-14、图 1-2-15）。

图 1-2-12

图 1-2-13

图 1-2-14

图 1-2-15

3. 西瓜：表面光滑，肉质较南瓜、笋瓜稍嫩，可在皮上雕刻渔舟、人物、花卉、孔雀灯和山水风景等（见图1-2-16、图1-2-17）。

图 1-2-16

图 1-2-17

4. 南瓜：按形状可以分为扁圆形、梨果形、长条形等。一般常用长条形南瓜进行雕刻。长条形南瓜又称"牛腿瓜"，是雕刻大型食品雕刻作品的上佳材料。南瓜适合雕刻黄颜色的花卉，各种动态的鸟类，大型动物以及人物、亭台楼阁等，因此，南瓜是食品雕刻理想的材料（见图1-2-18、图1-2-19）。

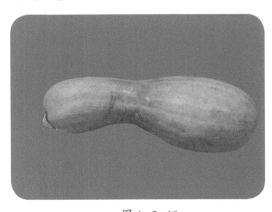

图 1-2-18

图 1-2-19

6. 西红柿：又名番茄，其品种较多，按形状可分为圆形、扁圆形、长圆形和桃形，按颜色可分为大红、粉红、橙红和黄色。一般只利用其皮和外层肉雕刻简单的花卉造型，如荷花、单片状花朵等。

7. 苹果、梨等：适合雕刻盅、盒及盘边点缀。

图 1-2-20

图 1-2-21

三、叶菜类原料及用途

叶菜类原料主要为大白菜，其颜色有青白、黄白两种，色泽清爽淡雅，有自然层次，常用来作为雕刻菊花等花卉的原料（见图 1-2-20、图 1-2-21）。此外，大白菜也常用来作为花卉、花盆及人物造型衣裙的填衬物。使用时一般剥去外帮，切去上半截叶子，留下半截靠根部的菜梗使用。梗虽脆嫩多汁，但由于纵向纤维较多，施刀时其组织不易脱落。

四、熟制品类原料

1. 鸡蛋糕：有红、白、黄、绿色，用于雕刻龙头、凤头、孔雀头、亭阁等物以及较简单的花卉。雕刻时要选用面积大、厚度大、质地均匀细腻、着色一致的糕块。

2. 整只蛋：如鸡蛋、鸭蛋等，煮熟后改刀成型，用以点缀鸟的嘴、眼、翅及各种花形、花篮、仙桃、荷花、金鱼、玉兔、小鹿、小猪等。

3. 肉糕类：如午餐肉、鱼胶肉糕等，主要用来雕刻和显示宝塔、桥等的轮廓，还可用作翅膀、羽毛等雕刻作品的辅助材料。

第二节　食品雕刻原料的选材和取材原则

一、食品雕刻原料的选材原则

1. 瓜果、蔬菜类：要求原料新鲜色艳、脆嫩，表面光洁无损伤，不霉烂变质，表皮没有因干燥而起皱纹变软或冻伤，没有明显斑疤，没有大的凹凸疙瘩，内部密实不空

心；如果瓜果蔬菜原料有天然花纹、色晕，则要求清晰有美感；如果瓜果蔬菜原料的自然形状不端正，呈畸形，只要质好无损，也可选作特异造型的原料，以物尽其用或因形构思食雕造型。

2.肉蛋熟食类：要求原料新鲜，色纯无瑕，表面光洁，质密不松碎。

3.植物种子类：要求种子颗粒圆整，色泽明亮。

食雕原料的选材要随季节的变化"因时制宜"灵活选择，必要时可变换或代用。

二、食品雕刻原料的取材原则

食品雕刻原料的取材原则是因造型取材、因形取材、因色取材。

1.因造型取材：就是依据雕刻造型的主题与构思设计造型的形状、姿态而选取相适应的原料。例如，雕刻龙船，最好选取弯形的大南瓜，以利造型自然、生动、有趣；又如雕刻仙鹤、猴子，构思富有动态感的造型，就要选取有利造型的奇形原料；雕刻花篮造型，选取表皮自然、花纹奇特美观的哈密瓜，或者表皮鳞状、结构奇美的菠萝，就会取得惟妙惟肖、事半功倍的效果。

2.因形取材：就是依据原料的自然造型来构思食雕造型。例如，生姜往往有自然的奇形怪状的特征，这就适合于构思猴子的动态姿势造型；光怪陆离的生姜也是垒制假山食雕造型"因形取材"的原料。

3.因色取材：就是依构思造型所需的色彩而选取相适应的原料，或者依原料既有的色彩构思配色方案，均要考虑原料的品种、质地以及加工的效果。

食雕原料的取材也要考虑构思造型的体积大小，选取相适应的原料，尽量避免大材小用，最好是养成"因形取材"的习惯，不仅加工省时，而且效果也好得多。

各种原料的适用范围受原料质地、色彩、特征的制约。因此食雕原料的选材、取材就应该注意各种原料的特性，以取得较好的效果。例如，荷花食雕造型，选取洋葱做原料，便能获得"以假乱真"的效果；花卉食雕造型，选取含水丰富的萝卜、莴苣、土豆、南瓜，也能取得惟妙惟肖的效果；红花绿叶的食雕选取红菜头、心里美萝卜作花朵，黄瓜、青椒作绿叶便取得自然色彩的效果；雕刻孔雀、凤凰等禽鸟食雕造型时，就要选取相应色彩、质地的原料配色；番茄色彩鲜艳，但质地酥软，一般用作刻制荷花效果就不及洋葱好，只能作为配色或应用于菜肴围边做小件食雕造型；大白菜叶子作为水浪花造型；用根茎刻制长丝菊花造型可像真的一样。这些例子都说明食雕原料的应用有局限性。所以食雕原料的选材、取材要恰如其分，既要灵活运用，又要"门当户对"，不能随心所欲。肉蛋熟食原料多应用在菜肴围边做小型食雕，中大型立体雕造型均不用肉蛋原料，充其量只能作为陪衬。

食雕原料中瓜果蔬菜有季节性，要求选取原料新鲜，要防止水分蒸发干燥或变质腐败，备用时要妥放于阴凉、湿度高的场所，或裹以塑料袋贮存于冰箱冷藏室。食雕半成品或食雕作品的暂时保存，同样如此。

思考题：
　　1.简述常用食品雕刻原料的识别方法。
　　2.简述食品雕刻原料的选材和取材原则。

第三章　食品雕刻的工具及其磨制方法

◎学习目标：

　　了解食品雕刻常用工具的用途。

◎技能要求：

　　1. 正确使用各种雕刻工具。

　　2. 正确磨制雕刻工具。

◎教学时数：

　　3 学时。

第一节　食品雕刻的常用工具及其用途

　　食品雕刻使用的工具品种较多，目前还没有统一的规格和标准。操作者可根据自己的要求去选用或自制工具。下面以常见的工具为例，介绍它的品种及用法。

　　1. 平口刀：常用有两种，一种是比较大的，通常叫一号平口刀，另一种是较小的，一般把这种刀叫二号平口刀或万能刀（见图 1-3-1）。

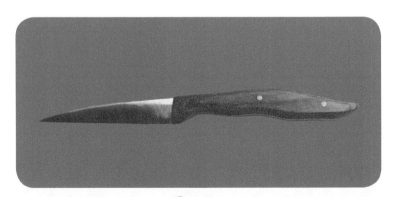

图 1-3-1

（1）1号平口刀：主要用于削切原料。

（2）2号平口刀：此刀一般刀身较窄，刀尖锋利，操作比较灵活，又便于携带。它的用途最为广泛，是雕刻中不可缺少的工具，多用于雕刻花、鸟及整雕等作品。

2．圆口刀（U形戳刀）：常见的有五种规格，是雕刻中常用的工具。它的规格各异，主要用于雕刻花瓣、羽毛、鳞片等。使用时可以根据要求来确定刀具的规格（见图1-3-2）。

图 1-3-2

3．三角口刀（V形戳刀）：常见的也有五种规格，主要用来刻线条、花纹等（见图1-3-3）。

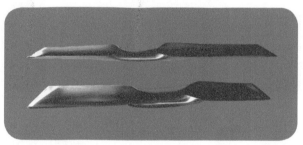

图 1-3-3

4．斜口刀：该刀具的刃有一定的倾斜度，主要用来削皮、去料等（见图1-3-4）。

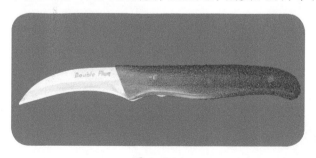

图 1-3-4

5. 拉刻刀：可拉刻细线、毛发、鳞片、翅膀、尾羽、衣服褶皱、瓜盅线条、文字等，一切细线图形均可拉刻出来，用途极广（见图1-3-5、图1-3-6、图1-3-7、图1-3-8、图1-3-9、图1-3-10）。

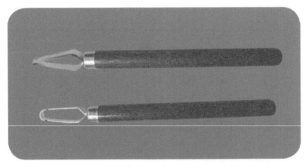

图 1-3-5

图 1-3-6

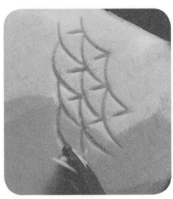

图 1-3-7

图 1-3-8

图 1-3-9

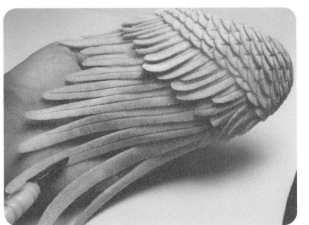

图 1-3-10

6. 模型刀：刀刃与 V 形戳刀相仿，不过有多个出料槽口，它是雕刻粗细凹线条的最佳刀具。

除上述食雕刀具外，从实际需要来说，还必须备有小镊子、三角板、圆规、记号笔、小金刚砂条、502 胶水、长短竹牙签等。

第二节　磨制食品雕刻刀具的方法

1. 切刀：切刀的刀刃分内口刃和外口刃。

2. 平面直头刻刀：平面直头刻刀和切刀一样，也分内口刃和外口刃，只是大小面积有所不同。

3. 圆口戳刀：圆口戳刀与其他刀种不同，它的特点是刀刃开在前端，而且刀刃呈弧形。

4. 三角戳刀：三角戳刀也有内口刃和外口刃，磨外口刃时要将刀放置在磨石的平面上，刀刃与磨石的夹角呈 30°～40°，先磨刀的一面，再磨另一面，磨时刀具与磨石呈横向再左右均匀磨；一定要注意，若刀与磨石面倾斜角度过大，容易造成卷刃，若角度太小，又容易把刀刃斜面磨掉。

思考题：
　　1. 常用食品雕刻刀具的类型及用途。
　　2. 简述磨制雕刻刀具的注意事项。

第四章 食品雕刻的基本操作方法

◎学习目标：

　　掌握食品雕刻的基本操作方法。

◎技能要求：

　　能熟练地运用食品雕刻常用的四种手法和常用刀法。

◎教学时数：

　　2 学时。

第一节 食品雕刻的手法

　　食品雕刻的手法是指掌握刀具的方法，也就是手握刀具的执刀姿势规范。雕刻每一个造型的全过程，总要变化不同部位与形状，因此手握刀具的方法、姿势也要相应发生变化，才能运刀自如、得心应手。例如，雕刻花卉，从原料切削成毛坯，再逐层片刻或旋刻出几层花瓣，又去除余料，最后刻出花蕊的全过程，就需要变化不同的执刀手法。

一、执刀方法

　　执刀的方法准确与否，可直接影响到雕刻的刀法使用与雕刻的速度，正面见图1-4-1，反面见图1-4-2。

图 1-4-1　　　　　　　　　　　图 1-4-2

1. 平握法：平握法就是四个手指并排卷拢握住刀柄部分，拇指可以放松运动，或拇指抵在原料上作为支撑点控制刀具的运动范围。平握法主要运用在主刻刀上，在运用旋刻刀法时和去大块废料时使用（见图 1-4-3）。

图 1-4-3

2. 执笔法：执笔法就是将刀具像执笔一样握住，主要靠拇指、食指与中指执住刀具，无名指与小指辅助抵在原料上，作为支撑点控制运刀的力度与深浅度（见图 1-4-4）。执笔法运用范围很广，主雕刻刀、各种槽刀都采用这种方法，是食品雕刻中最常用的执刀方法（见图 1-4-5、图 1-4-6）。

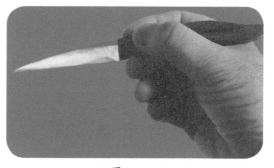

图 1-4-4

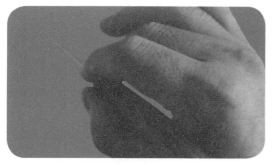

图 1-4-5

图 1-4-6

3. 纵刀手法（直握法）：纵刀手法就是用手握住刀具，就像人们握手一般。主要运用在片刀的刀法使用上，如切、批、刮等，还有槽刀等辅助刀具的挖、拉刻等（见图 1-4-7）。

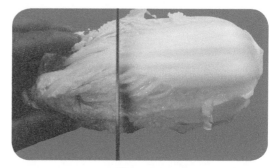

图 1-4-7

第二节　食品雕刻的刀法

食品雕刻的刀法即刀具的运刀方法，也就是刀具切削运动的形式。它随雕刻加工件的部位、形状而定。具体的刀法有 12 种。

一、切

切是一种铺助刀法，很少单独使雕品成型。一般用平面刻刀或小型切刀操作。雕刻技术的切法有直切，斜切、锯切、压切四种。

1. 直切：是刀背向上，刀刃向下，按住原料，刀刃垂直地切下，使原料分开的方法（见图 1-4-8）。直切多用于厚料的初加工，它能使不整齐的原料在厚薄、长短上更加明显，有利于造型设计。如用马铃薯雕刻亭阁，首先要切成长方体，马铃薯是圆形体，必须用直切的刀法来切成长方体。如雕刻桥梁时，也要用直切刀法切出桥的坯形后才能进行雕刻。进行平面雕刻制作时主要使用直切这一方法。

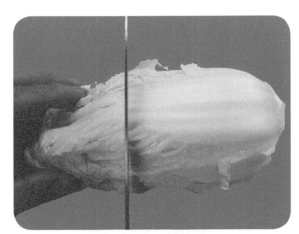

图 1-4-8

2. 斜切：就是刀具与砧板形成一定角度的切法。操刀斜切时，要扶稳原料，掌握所需的角度，手眼并用，不要发生偏差。这种刀法在操作时应注意平稳、缓慢。

3. 锯切：是将刀向前推，向后拉，一推一拉像拉锯一样。这种刀法适用于韧性较大或太嫩太脆的原料。此种刀法适用于熟食原料。

4. 压切：是把模具刀放到原料上施加压力将原料切下的一种方法，这种切法适用于平面雕。使用这种刀法要注意原料的厚薄，不能超过模具刀的厚度，否则原料与刻品连在一起不易分开。压切时可用木板或金属片垫手以免伤手。

二、削

削是用横握手法，削出薄片、削刻花瓣，或修整毛坯成锥形的刀法（见图1-4-9）。用直头刻刀、弯头刻刀、圆口刀操作。我们把悬空的切称为削，它没有固定的方向，上下左右都可以。使用的方法有直刀削和拉刀削两种，一般常用的是直刀削，对韧性大或易损的原料要用拉刀削的方法。直刀削的方法是将刀具笔直地推削，而拉刀削的方法是一边压一边向后拉。削是果蔬雕刻中使用的主要刀法，具体修饰中最常用的刀法。

图 1-4-9

三、刻

刻是用执笔手法，以尖刀或戳刀刻出各种花纹造型的广义刀法。刻是雕刻中的主要刀法，用途较广。用直头刻刀、弯头刻刀、圆口刀操作。根据刀与原料接触的角度可分直刻、斜刻和翻刀刻三种（见图1-4-10、图1-4-11、图1-4-12）。

图 1-4-10

图 1-4-11

图 1-4-12

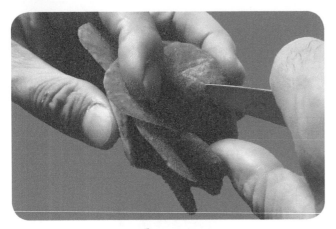

图 1-4-13

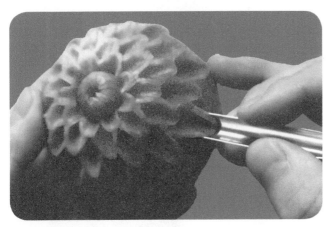

图 1-4-14

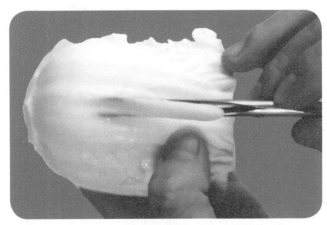

图 1-4-15

四、旋

旋是以螺旋形运刀缓慢旋刻花瓣（牡丹、马蹄莲）的刀法，常采用横握手法，是多种雕刻必需的一种辅助刀法，也是一种用途极广的刀法。它可将雕刻品单独旋刻成型。一般用平面刀、弧面刻刀操作。如月季花与牡丹花的雕刻，都要采用旋的刀法。旋刀分外旋与内旋，外旋由外向内刻，如月季花的刻制；内旋则从内向外刻，如牡丹花的刻制。这也是食品雕刻中常用的刀法（见图 1-4-13）。

五、戳（插）刀法

戳（插）刀法是使用槽刀的主要刀法，就是采用执笔法，用无名指或小指抵在原料上，将刀具插进加工件一定深度运刀的刀法（见图 1-4-14）。雕刻禽鸟羽毛、鱼鳞片、花瓣花蕊、线条纹等均用此刀法。戳（插）刀法是用途较广的一种刀法，主要用于雕刻菊花花瓣和禽类羽毛刻制等。一般用戳刀操作（见图 1-4-15）。

六、挖

挖是用执笔法，以刀具运刀挖（掏）出加工件孔内余料的刀法。如龙、鲤鱼造型口腔的挖空，或禽鸟足与山石间造型的挖空。

七、刮

刮是用平握法，以尖刀上下左右移动，使加工件表面光洁的刀法。如加工圆形或弧形、平面加工件均用此刀法。

八、转

转是用执笔法，以刀具插入加工件，运刀旋转一周刻出圆孔的刀法。

九、划

划是用执笔法，以尖刀尖端在加工件表面划出浅线条花纹的刀法。

十、批刀法

批刀法是指刀面与原料和菜墩平行，左手扶稳原料，右手持刀，一推一拉，反复推拉直至原料片断。如各种萝卜的外皮（见图1-4-16）。

十一、镂

镂就是使用刀具在原料中去除一块废料，使作品形成孔洞的一种刀法，如西瓜灯、花篮、鱼篓等的作品刻制，就是采用镂刻的刀法。

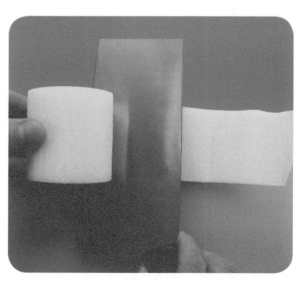

图1-4-16

造型繁复的大型立体食雕，往往要不断变换刀具与相应的运刀手法、刀法，还要靠变化的手腕功力才能运刀自如。这是三者相辅相成的关系，只有经不断实践，方能逐步熟练，最终熟能生巧、应付自如。

　　雕刻是多种刀法的综合应用，操作时要充分利用多种刀具，根据需要不断地更换刀具，合理地运用。如用尖刀挖一个洞就不如用一把圆口刀快，刻一道线也不如用角口刀来得迅速。

　　在雕刻过程中我们要努力使刀具、刀法与雕刻原料三者巧妙地结合起来，操作中多思考，勤练习，就会使我们的雕刻技艺，无论是在速度上，还是在质量上都达到日臻完美的境地。

思考题：

　　1. 食品雕刻常用的三种手法是什么？

　　2. 食品雕刻的常用刀法有哪些？

第五章 食品雕刻的工艺程序和基本要求

◎学习目标：

　　理解食品雕刻的工艺程序和基本要求。

◎教学时数：

　　2 学时。

第一节　食品雕刻的工艺程序

　　食品雕刻的操作有一定的工艺程序，不能先后更易，否则会造成不必要的返工，影响作品质量。食品雕刻的工艺程序就是构思、选料、定型、制作、布局、装饰六道。

一、构思

　　食品雕刻的构思，也称食品雕刻的命题，就是雕刻者根据所要表现的内容、要求，进行艺术的分析和酝酿。构思是根据具体情境进行的一种设计，应根据主题、对象、人力、时间以及规格档次来进行。

　　1.根据筵席的主题来构思。雕刻作品一般多用于筵席和展台。筵席的种类多种多样，举行筵席的主题也不相同。因此，应根据筵席的种类及主题进行构思。在选题时，首先要注意作品的精神内涵，即具有积极的思想性和美好的寓意，题材与筵席的气氛内容相符合，以引起大多数入席客人的共鸣。其次要有统筹计划，计划作品所需要雕刻的花卉、动物、图案等。计划与筵席或展台有关的象征性物体、画面及文字。例如，用花篮、百花争艳展台等装饰出友谊的气氛；用鸳鸯、并蒂莲、龙凤等烘托出婚宴的祝福；用仙鹤、寿星装饰贺寿的席面；用花团锦簇、百鸟争鸣展台营造欣欣向荣的成功气氛等。

2. 根据宴请的对象来构思。宴请的对象有本地的，也有外地的，还有来自国外的友好人士。由于各民族的饮食习惯、生活爱好、宗教信仰的不同，所以审美观点也不一样。构思时，宜选用人们喜闻乐见的花木鸟兽、山水园林等象征吉祥、幸福，给人以美好、欢欣鼓舞的艺术形象。

3. 根据人力和时间来构思。雕刻作品的制作需要较长的时间，构思时应根据雕刻者的技术水平、人员数量和时间等因素来确定题材，以达到预期的构思效果。

4. 根据筵席的档次来构思。根据费用标准，一般筵席分为高、中、低三个档次，在构思时应根据筵席档次的高低来决定工艺、造型的繁简。

二、选料

根据雕刻作品的规格、立意和形态选取雕刻原料，要按从大到小的顺序依次选全原料，避免在雕刻过程中出现缺材少料的情况。首先，选料时应注意灵活性，一种原料没有时可用另一种原料代替，所选原料要大小合适，避免大材小用造成浪费，或原料不足待料停顿等情况。其次，选料时要考虑色彩的搭配，使雕刻作品格外生辉，产生出人意料的效果。再次，雕刻作品是与食物组合在一起使用的，因此在选用食品雕刻原料时，要注意原料的可食性。另外，在加工动物性原料或琼脂时，着色不宜太浓、太烈，以免影响客人的食欲。

三、定型

定型就是根据雕刻作品的主题以及使用的环境，决定雕刻作品的形式，从而确定雕刻作品坯料的大小、厚薄、长短、高低。

以麻雀的雕刻为例，就是要确定麻雀的大小、厚薄、动态以及头、身、尾等各部位的大致位置。定型是至关重要的一步，是造型艺术最重要的基础。

四、制作

食品雕刻的方法很多，应根据具体作品的实际情况采取相应的雕刻步骤，一般顺序是依据作品的比例，先刻划出作品的轮廓，再进行精雕细刻，具体步骤如下：

1. 划轮廓：对坯料进行作品轮廓的勾描，主要是用划线刀刻出雕刻作品的轮廓线，确定雕刻作品的比例关系。

2. 刻轮廓：根据作品的轮廓线，剔除多余的原料，显现出雕刻作品的大致形状，确定所要雕刻形状的姿势和各部分的比例。

3. 局部雕刻：就是在轮廓正确的前提下进行局部的、细致的雕刻。以麻雀雕刻为例，在麻雀的轮廓确定之后，就可以细致地修饰出它的头部、颈部、身体、翅膀、尾部等。把轮廓上的块块面面、楞楞角角的部分雕刻圆滑，直到雕刻出理想中的麻雀形象。

4. 精细雕刻：对雕刻作品进行细致点缀，以麻雀为例，就是插戳出麻雀身上宽窄不同的羽毛，点缀上眼、爪等器官，增其精神，美其外表。

五、布局

布局也叫陪衬，就是根据雕刻作品的主题思想、形态、原料的大小形状来安排雕刻作品的底座或陪衬、点缀部分，使主题突出。

六、装饰

装饰是最后一道工序，就是对完成的食雕造型作品的所有部分进行一次鉴定修饰，包括：主体造型的形象、姿势、神态作必要的修改；辅助造型的形象、色彩的修整；美化装饰处理的必要变更，以及必要的布局重新调整。总之，要使完成的食雕造型达到形象悦目，比例恰当，色彩调和，神态逼真自然，符合命题的要求，完全与筵席、宴会、酒会的主题相适应协调，达到预期的效果，这样才算完成食雕的工艺程序。

第二节　食品雕刻的基本要求

1. 选择新鲜的原料：食品雕刻在选择原料时要注意原料的新鲜度，特别是一些植物性原料，如果采摘时间过长，就会萎蔫、干瘪，质地绵软，不便雕刻。

2. 因材施艺：要雕刻出精美的作品，制作者必须学会根据原料的质地（如脆嫩度）、大小、形状、弯曲度、色泽变化等特点，进行构思和创作。另外，还要节约原料，使物有所值，物尽其用。

3. 色彩与主题协调：食品雕刻的原料品种繁多，色彩丰富，有助于拓宽构思创作空间。

4. 创意新颖别致：食品雕刻要富有创意，推陈出新，创造新的品种和新奇的意境。

5. 主题突出，形象逼真，具有审美感：在雕刻前应首先确定主题，确保主题突出，富有特色，做到合理用料，精雕细刻，周密布局。

6. 品名要吉祥雅致，给人以艺术美的享受。

7. 装饰与食用结合，突出菜肴风格。另外，大型展台主要是烘托气氛，给人以较高的艺术审美性，而不作食用。

8. 讲究卫生：食品雕刻成品，必须讲究卫生，切不可被污染。

思考题：

1. 食品雕刻的工艺程序有哪些？

2. 食品雕刻的基本要求有哪些？

第六章　食品雕刻半成品、成品的保存方法

◎学习目标：

理解食品雕刻半成品、成品的保存原理。

◎技能要求：

能正确保存食品雕刻的半成品和成品。

◎教学时数：

1 学时。

一、食品雕刻半成品、成品保存原理

影响半成品、成品"保鲜寿命"的因素，主要有温度和氧气。低温和缺氧环境能减少表面水分蒸发，抑制微生物的繁殖。

二、食品雕刻半成品的保存方法

1.包裹保存法：把半成品用湿布、保鲜纸或塑料布包好，以防止其变色、水分蒸发。

2.低温保存法：将半成品用保鲜薄膜、保鲜纸包好放入冰箱或冷藏库保存（以不结冰为好），使之长时间不褪色，质地不变，以便下次继续进行雕刻。

三、食品雕刻成品保存方法

食品雕刻中大部分原料含有很多水分，如果保管不当，极容易变形或损坏，既浪费原料和时间，又会影响宴会的效果。为了尽量延长贮存和使用时间，下面介绍几种保存方法。

1. 水泡法：将雕刻好的作品放入清凉的水中浸泡，或放入 1% 的明矾水浸泡，并保持水的清洁，如发现水变浑或有气泡，需及时换水。这样可以使食品雕刻成品保存较长时间，以备不时之需。

2. 低温保存法：将雕刻好的作品用保鲜薄膜包好，放入冰箱保存或将雕刻作品放入水中，移入冰箱或冷库，以不结冰为好，使之长时间不褪色，质地不变，延长使用时间。

3. 涂保护层保存法。用鱼胶粉熬好的"凝胶"水来涂刷作品，使作品的表面形成一种透明的薄膜来保护水分。不用时放低温处存放，效果更好。

4. 喷水保湿保存法：应用在较大看台中，展出期间应勤喷水，保持雕刻作品的湿度和润泽感，以防止其干枯萎缩或失去光泽。这样可以延长作品展出时间。

四、其他烹饪雕刻作品半成品、成品的保管存放

（一）黄油雕作品的保管存放

1. 由于黄油极易黏附灰尘，所以应将作品放在无灰尘的地方。存放时涂刷清油等树脂类物品来做保护层。

2. 黄油的熔点很低，不要将作品在高温下存放，以免受热熔化变形。

3. 黄油油性大且很软，放置作品时应提示观众或顾客勿触摸，以免弄脏衣服及损坏作品。

（二）冰雕作品的保管存放

1. 将作品放到低温、避光、无灰尘、无风的地方保存。

2. 由于冰块较滑，存放时应防止作品滑倒，避免摔坏、碰坏作品。

3. 可采用塑料袋等将作品包裹好，这样能遮挡风吹和灰尘。

思考题：

1. 试述食品雕刻半成品和成品保存原理和方法。

2. 针对大型宴会或展台，你如何进行食品雕刻作品的保鲜？

第七章　食品雕刻设计与创作

◎学习目标：

1. 熟悉食品雕刻设计的基本要求。

2. 掌握食品雕刻创作的基本步骤和常用技法。

3. 掌握食品雕刻作品的命名方法。

◎技能要求：

1. 能够正确评价食品雕刻作品质量的好坏。

2. 具备食品雕刻设计和创作能力。

◎教学时数：

6 学时。

第一节　食品雕刻设计的基本要求

1. 原料要选新鲜干净的蔬菜水果，如萝卜、南瓜、胡萝卜、西瓜、芋头等；不能用其他不能食用的材料，如木材、塑料、金属、陶瓷等。

2. 造型美观，比例恰当，色调和谐，刀法准确；关于食雕展台的颜色要尽量利用原料本身的颜色进行搭配，如南瓜、胡萝卜、心里美萝卜以及瓜皮等，避免使用色素染色。

3. 食雕展台的内容要与宴会主题相符，例如过生日，可多雕些"寿比南山""鹤鹿同寿""麻姑献寿""八仙过海"等；结婚宴席，可多用"龙凤呈祥""龙飞凤舞""百年好和""同舟共济"等，迎宾或送行，可雕些"孔雀开屏""百花迎宾""凤戏牡丹""马到成功""一帆风顺""竹报平安"等，开业庆典、商务洽谈可雕一些"招财进宝""财源滚滚"等。

4.食雕展台的大小要与宴会的规模相符。参加人数多、规模较大的宴会（如招待酒会、开业庆典、婚宴等），制作的展台应规模大些、复杂些，并单独摆放在宴会厅的某个位置上（多用瓜灯、人物、龙凤等组合雕）；参加人数少、规模小的宴会（如家人团聚、老友聚会、商务洽谈等），制作的展台应规模小些、简单些，一般都摆在餐桌中间，高度不宜超过 30 厘米，以免挡住客人视线，影响客人交谈。

第二节　食品雕刻创作的基本步骤

第一步：构思

这是制作展台特别重要的一步，要根据宴席的性质、规模、档次、客人的层次和情趣等因素，设计贴近主题、构思巧妙、创意新颖的展台，不能老套，不能千篇一律。

第二步：选料

选料时既要考虑原料的大小、形状，也要考虑原料的品种及季节因素，冬天可多选用萝卜、芋头，春季可多选用南瓜、牛腿瓜等，而夏天可多选用西瓜、冬瓜等。

有些原料的形状不太规则，如萝卜或南瓜弯曲或形成奇形怪状等，可充分利用这种特殊形状雕出一些富有创意的作品来。

第三步：雕刻

这一步最为关键，雕刻这一关做得不好，其他环节的努力都毫无意义。因此，要求厨师有扎实的基本功、娴熟的技法和一丝不苟的工作态度。技术要全面，不仅能雕花鸟类，还要能雕龙凤、牛马、鱼虾、瓜盅、瓜灯及人物等。

第四步：组装黏合

现在的展台，不论大小，都需要黏结和组合，有些较大的作品是主体配上些小的部件，如凤凰需要粘上翅膀、尾羽、凤冠等；有些作品是由若干个小的作品（如鱼、虾、小鸟等）通过假山石、云朵、浪花等粘在一起，形成一个大的作品。因此要准备些竹签和502 胶水，粘时要注意构图美观，造型生动，不要死板。

第五步：摆放装饰

雕好的作品怎样摆在盘中或餐台上，要把作品的最精彩部分展示给客人，作品中的瑕疵部分要想办法用绿叶、云朵等遮挡修饰一下。西瓜灯内可放置一些特制的小灯泡或雾化器以烘托气氛。

另外，较大的展台，需要提前几天就开始雕刻，雕好的部分可用保鲜膜包好，放在 3~5℃的冰箱内保存，使用前 2~3 小时开始组装。可备一个喷壶，向展台上喷水，防止雕刻作品脱水干燥。市场上供应一种鱼胶和虾胶，用水化开以后刷在原料表面，也可起到防脱水的作用。

第三节　食品雕刻创作的基本原则和常用技法

一、食品雕刻创作的基本原则

1. 先主后次：组装的雕刻作品中，往往以某个题材（或某个部位）为主，其他题材（或其他部位）为辅。这类作品的雕刻，要先抓住主要题材的大形和比例，把主要的部位（整体）雕刻好后再雕刻小的细节部分（局部）。

2. 先大后小：在实际创作中，一组雕刻作品往往是由两种或两种以上内容构成的，在整体构图造型中都占有同样重要的地位，不分主次。在这种情况下，我们在雕刻时就要遵循"先大后小"的基本原则；另外，在雕刻时要留有余地，特别是在雕刻一些主要部位时要考虑上下衔接问题，尽量稍微放大下料。

3. 先头后尾：在雕刻大型作品的过程中，一般都是从头刻起，然后逐步向尾部发展，这样雕法较为顺手，较好把握。在雕刻禽鸟的羽毛和鱼的鳞片时，也是如此。这样所雕刻成的羽毛和鱼鳞，才符合禽鸟类羽毛和鱼鳞的生长规律，这一点与冷盘拼摆的顺序恰好相反。

4. 先外后里：雕刻的原料是立体的，我们所雕刻成的作品也是立体的，存在着里

（内层）与外（表层）的关系。在雕刻过程中，要先雕物象的表层，然后再依次向里推进，这样才是合理、方便的雕刻方法。

二、"几何法"在食品雕刻中的应用

在雕刻之前，把雕刻对象的外形特征分解成几个简单的几何体，如球形、鸡蛋形、三角形、长方形、扇形等，这样在雕刻的时候就会觉得容易很多。这些几何体不论在何种姿势下，都是不改变形状的，它们通过一些软组织连结在一起，并形成了动物的各种动作。在雕刻的时候，要保证这些小的几何体的完整性，不能被破坏，否则动物的外形就不准了。

三、"比例法"在食品雕刻中的应用

"比例法"就是在雕刻的过程中，把动物各部位的大小和长短等因素用比例形式确定下来，以保证所雕动物外形准确，比例恰当。

四、动势曲线在食品雕刻中的运用

所谓动势曲线，就是最能表现动物姿态变化特点的曲线。如果我们要将原料切出楔形或厚片形的坯子，就要在坯子的侧面画出动物的外形轮廓，这时，可先画出动势曲线，然后用"比例法"将动势曲线分段，在动势曲线的侧面添加上适当的几何图形，这样动物的大概轮廓就很容易地勾画出来了。

第四节　食品雕刻作品的命名方法

一、象征命名法

这是应用最多的一种方法。在我国民俗中，常将某种动物、某种器官赋予某种吉祥的含义，如龙凤比喻夫妻恩爱，用鸳鸯比喻夫妻对爱情忠贞不渝，在过生日的宴席中常雕寿星、仙鹤等，有长生不老、长命百岁的含义。这种例子比比皆是，如牡丹象征富

贵，玫瑰象征爱情，老黄牛、骆驼象征勤劳等。

二、谐音命名法

如"金鱼满塘"的谐音为"金玉满堂"，"吉象如意"的谐音为"吉祥如意"，"吉磬有鱼"的谐音为"吉庆有余"等。

三、改字命名法

这种方法与上一种有些不同，在原有的词语上略加改动，音同字不同，但是意思变得更加贴切、美好，如由"喜上眉梢"改为"喜上梅梢"，由"莲年有鱼"改成"连年有余"等。

四、比喻 + 谐音命名法

比如一只正在打鸣的公鸡，脚下加上几朵牡丹花（也叫富贵花），就叫"功名富贵"。雕一只花瓶，插上分别在四季开放的花朵（牡丹、荷花、菊花、梅花），就叫作"四季平安"。

五、典故与传说命名法

我国有很多典故、神话传说、历史故事，如天女散花、愚公移山、嫦娥奔月、东方朔偷桃、麻姑献寿、刘海戏金蟾、女娲补天等，都具有美好的含义或教育意义，也可以用于制作展台命名。例如"天女散花"是指天神把美丽撒向人间，可以用于迎宾或开业庆典，"愚公移山"有不怕困难的含义，可用于五一劳动节、庆功宴等。

第五节　食品雕刻题材及应用

一、吉祥

吉祥是食雕的重要题材，吉有吉利、吉祥、吉庆、善美之意，嘉庆之征。本书的大

食品雕刻入门

部分食雕作品都是以吉祥为题材创作的。如"戏珠团龙""祥瑞宝瓶"等。

二、富贵

富即财产多，贵即地位高。寓意富贵的有人物、动物、植物、传说等图案。其中，牡丹最为典型，它被称为花中之王，有雍容华贵之美。如"花开富贵""凤戏牡丹"等作品。

三、喜

喜是欢乐高兴之意，人们都期待生活在欢乐高兴的氛围中，为此食雕许多题材均与喜有关。如"喜上梅梢""喜鹊登梅"等作品。

四、福

福包含幸福、福气、祝福之意。生活幸福是人们追求和向往的重要人生目标之一。祈求幸福也成为食雕中一个十分重要的题材。如"福到莺歌""莲年有鱼""和平是福"等作品。

五、禄

禄原为福气的意思，后来意指升官，是传统食雕题材，寓意祝愿人们步步高升、飞黄腾达。如整雕"指日高升""封侯挂印""生财有路"等作品。

六、寿

健康长寿是人们追求的重要目标之一。长寿典故题材繁多，表示长寿的整雕有"寿山福海""篮中仙桃""八仙祝寿""抱桃寿星"等作品。

七、爱情、婚姻

爱情是人类永恒的主题，许多忠贞不渝的爱情故事代代流传。爱情忠贞、婚姻美满、家庭幸福、子孙兴旺是人们向往和追求的目标。如整雕"牛郎织女""龙凤呈祥""鸳鸯共济""天使莺歌"作等品。

八、避邪

避邪是一种传统的雕刻题材。从远古的石器时代，到现代文明社会，避邪都是人们的一种愿望。如整雕"聚八仙""观音降龙""蛟龙出海"等作品。

九、传说

中国传说很多，有的十分动听且感人，给人以启示。如整雕"哪吒降龙""天女散花""牛郎织女"等作品。

第六节　各种造型所表达的意义

一、人物造型

取材于神话、典故的吉祥人物，寓意人间的美好和平，寄托人们的各种祝福。作品生动、古朴、典雅，增加宴会的祥和气氛。

二、龙的造型

龙的造型独特，是威严高贵的象征。彩画艺人在画龙的实践中，对行龙、坐龙、降龙总结出"行如弓，坐如升，降如闪电，升腆胸"以及"劲忌胖、身忌短、三弓九曲、十二脊刺"的大致特点。龙又是权力的象征，封建王朝多称皇帝为真龙天子。有关龙的神话、传说、故事更是层出不穷。

三、禽鸟的造型

鹰：气势磅礴，安然翱翔，傲视勇猛。在宴会中多表达刚毅、雄健和鹏程万里的祝福。

孔雀：华丽、争艳、富贵。

四、兽的造型

兽种类繁多，多取材于十二生肖，也是食品雕刻师最喜欢雕刻的题材之一，寓意吉祥。

五、龟、鱼、虾的造型

龟，海中神物，寓意长寿；鱼、虾小巧玲珑，用于宴会活跃气氛，庆贺五谷丰登、幸福生活。

六、船、灯的造型

1. 船的种类基本以舟、帆船为代表，寓意深刻，其造型古朴、吉祥、典雅、豪壮，通常以一帆风顺为主题。还可作为菜的盛器，美观、别致。

2. 灯是光明和希望的象征，种类繁多，宴会中更是不可缺少，能够起到满堂生辉、渲染气氛之效果。

七、花、花瓶的造型

花，五彩缤纷，是生命的象征；花瓶更具有吉祥、典雅的寓意，能增加宴会喜庆气氛。

思考题：

1. 食品雕刻设计的基本要求有哪些？

2. 食品雕刻的基本步骤和常用技法有哪些？

3. 食品雕刻作品的命名方法有哪些？

第八章 食品雕刻的应用与展台制作步骤

◎学习目标：

　　1.了解食品雕刻在餐饮行业中的应用。

　　2.了解食品雕刻应用中的注意事项。

　　3.掌握食品雕刻展台的制作步骤。

◎教学时数：

　　3学时。

　　在接待外国元首、政府官员等贵宾的宴席上，精美的食品雕刻，经常让国外友人赞叹不已，被称为东方餐桌上的神奇艺术。国内一般的婚庆、聚会宴会上，如果有美观、精致的食品雕刻，也会令人叹为观止，使宴会主题得以充分的展现。

　　我国的烹饪水平之所以能享誉世界，正是因为菜肴具有色、香、味之美，加上其形、器、饰的艺术感染力，两者的和谐统一，使食趣倍增，口福、眼福兼得。

第一节 食品雕刻的应用

　　食品雕刻主要用于宴会、酒会，它能美化菜肴，渲染气氛，令人赏心悦目，给人以高雅、优美的精神享受。食品雕刻的应用形式也是灵活多变，不苟一格，可以根据宴会、酒会及菜点内容和具体要求，来灵活选择作品的形态和实用方法。

一、装点美化席面

为了使宴会的气氛更加热烈，充分表达主人的友谊和热情，在一些中、高档宴会中，就餐前都要对席面进行美化设计。设计时常常根据宴会、酒会的内容、要求及具体情况来设计雕刻作品，使之与宴会的性质达到协调的效果（见图 1-8-1、图 1-8-2）。

图 1-8-1

图 1-8-2

二、装饰美化菜肴

菜肴的装饰美化就是利用食雕作品对菜肴进行艺术装点，使菜肴在色彩、形态、寓意等方面都具有一定的艺术效果，使宴会具有高雅、协调的整体美。一般有以下几种手法：

图 1-8-3

1. 点缀：点缀就是根据菜品的色泽、口味、形状、质地等，用雕刻作品加以陪衬。一般又可以分为盘边装饰、周围装饰、盘心点缀、菜肴表面的装饰几种。

（1）盘边装饰：就是在盛菜盘碟的一边放菜，一边放雕刻作品。雕刻作品可以根据菜肴的色彩、意义来确定，如"金龙献宝"等。经过装饰的菜品显得丰满艳丽，能使菜品的形体和色彩的艺术效果大大提高（见图 1-8-3、图 1-8-4）。

图 1-8-4

（2）周围装饰：即根据菜品色泽搭配的需要，把雕刻作品摆放在菜肴的周围，起到装饰作用（见图1-8-5、图1-8-6）。

图1-8-5　　　　　　　　　　　　　　　　　图1-8-6

（3）盘心点缀：就是在盛菜盘碟的中间放置雕刻作品，四周或两边放菜；以此来烘托菜肴，增加整体的形象和艺术效果，如"莲花宝灯"等（见图1-8-7）。

（4）菜肴装点：是指在菜肴的表面放上食雕品，以此来装点菜肴，以增添菜肴的艺术性和审美感。

2.映衬：映衬就是将雕刻作品与菜肴摆放在一起以构成和谐完美的艺术形象，雕刻作品和菜肴互相陪衬，起到整体完美生动、色调和谐、赏心悦目的效果，如"孔雀开屏""赛龙夺标"等。不用雕刻作品菜肴也有其自身的特色，加上了雕刻作品的菜肴就更鲜明、美观，具有完美的艺术性（见图1-8-8）。

图1-8-7　　　　　　　　　　　　　　　　　图1-8-8

3.盛装：盛装是指利用雕刻作品代替盛器，来盛装菜肴或调味品，以此来美化器皿，增加菜肴的形象性和艺术性（见图 1-8-9、图 1-8-10）。

（1）把食品雕刻应用到凉菜上，一般是将雕刻的部分部件配以凉菜的原料，组成一个完整的造型，使雕刻作品与菜肴原料浑然一体。

图 1-8-9

（2）把食品雕刻应用到热菜上，则要从菜肴的形状、寓意（多借助谐音）等几方面来考虑，使食品雕刻与整个菜肴产生协调一致的效果。

（3）在具体摆放食品雕刻作品时，凉菜与雕刻作品可以放得距离近一些，热菜与雕刻作品则要放得距离远一些。

图 1-8-10

第二节　食品雕刻应用中的注意事项

食品雕刻的应用是以提高菜肴的质量和美化环境,提高宴会格调和气氛为目的的。为了使雕刻作品能达到预期的效果,在应用之前应注意以下几点:

1. 了解宴会的形式:宴会的形式多种多样,如庆功宴、祝寿宴、婚宴、国宴、西餐、自助餐等。要根据宴会规模、性质、标准来适当布置、使用雕刻作品。高档大型的宴会、酒会,可以制作一些主题突出的观赏性雕刻作品,菜肴的雕刻品也可以相对多些;如是中档的宴会、酒会就用一般的看盘,菜肴方面点缀几道菜就可以了;一般的宴会,只在菜品中点缀就行。如西餐、酒会、自助餐可加一些黄油雕、冰雕来渲染气氛。总之,我们要根据环境、习俗灵活运用,起到相应的效果。

2. 尊重客人的习俗、信仰:国际交往越来越多,为了使宴会更加和谐和顺利,需要我们了解、尊重不同国家、不同民族的习俗信仰,从而有目的地进行食雕作品的创作及运用,达到宴会的目的。

3. 色彩的搭配:色彩是影响人们情绪的主要因素之一,对比鲜明的色彩搭配会给人舒畅的感觉,我们在应用雕刻作品时应尽量加大色彩反差,以此来突出艺术效果。

4. 注意食品卫生:食品卫生是保证宴会顺利进行的前提。雕刻作品用于菜肴时,要注意食品卫生,生熟要隔离。一些用于盛装的雕刻作品也要经过消毒处理。

第三节　食品雕刻展台的制作步骤

食品雕刻展台制作包括五个基本步骤。

1. 确定主题:掌握主办单位的活动主题,明确展台所要体现的色彩气氛,使展台内容与活动主题相符。

2. 内容构想:根据确定的主题选择适宜的空间,确定展台制作的内容,并在此基础上做好立体和平面的搭配构想。

3. 制作准备:展台内容构想确定后,要根据展示内容确定具体的展示作品,并做出书面报表,根据开展时间,提前准备好作品用料和操作工具,再根据书面报表逐项检查备料情况,查漏补缺,力求准备充分。

4. 精工细作：根据展出的时间，精心制作展示作品，部分作品如大型的艺术雕刻要提前精选雕刻厨师，做好技术分工，力争使每一件展示作品都成为"精品""杰作"。

5. 展前布置：所有作品制作完成之后，根据事先的构想，将展台各部件巧妙布局，协调统一，拼接组装好，并对整体布置效果做出相应评价，必要时做出适当调整，力求整个展台完美怡人。

思考题：

    1. 食品雕刻有哪些应用？

    2. 食品雕刻应用中的注意事项有哪些？

    3. 食品雕刻展台制作的步骤有哪些？

    4. 应用分析题：

    ××市政府将于 2020 年 11 月 20 日在××市国际大酒店的宴会厅举办一场大型招待会，招待前来参加小商品博览会的东盟各国领导人及与会代表。假设你是该酒店的食品雕刻师，请为这个招待会设计一个宴会展台，你打算设计出哪些适合这个宴会的雕刻作品的主题？在设计雕刻作品时要考虑哪些因素？请你选取其中一个设计的主题写出具体方案（内容包括宴会名称、时间、地点、经费预算、作品主题及雕刻内容说明、人员安排、采购原料数量及采购时间计划等）。

实践篇

技能要求：

　　1. 掌握平面雕刻作品制作：蝴蝶、白鹭、天鹅、奔鹿。

　　2. 掌握花卉类雕刻作品制作：杜鹃、马蹄莲、牡丹、月季。

　　3. 掌握鸟类雕刻作品制作：鸟头、鸟尾、鸟翅膀、鸟爪、相思鸟、仙鹤、雄鹰、鹦鹉。

　　4. 掌握建筑类雕刻作品制作：桥、亭子、宝塔。

　　5. 掌握浮雕类作品制作：绥带牡丹南瓜灯。

　　6. 掌握立体雕刻作品制作：龙头、龙身、龙尾、龙爪、凤头、凤尾、火焰和祥云、神龙戏珠、百鸟朝凤。

　　7. 掌握人物雕作品制作：福禄仙寿。

　　8. 掌握琼脂雕作品制作：葡萄熟了。

　　9. 掌握黄油雕作品制作：奔马、牛气冲天。

教学时数：

　　184 学时。

技能训练一　平面类

一、平面类雕刻制作实训内容

1. 技能目标

（1）掌握平面雕刻的基本程序。

（2）掌握切、划的雕刻手法。

2. 教学资源

（1）原料：牛腿瓜、白萝卜、胡萝卜、芋头。

（2）工具：一号主雕刻刀、二号片刀、无菌砧板、一尺八寸圆盘。一号主雕刻刀也叫平口刀（见图2-1-1）。

图 2-1-1

3. 知识要点

食品雕刻所采用的刀法具有独特性，主要是根据雕刻原料及成品的要求来加以把握。常用的基本刀法有切、削、剔、旋、穿、插、铲、挖、挑、划、戳等。

4. 成品特点

构图精练、刀法简便、操作容易。

5. 小结

平面雕刻以线条划刻为主，辅以其他雕刻方法，成型快捷，是制作围边盘饰的理想方法。

实例1：蝴蝶

（1）用二号片刀将牛腿瓜批成底部相连的夹
刀片；

（2）用一号主雕刻刀在砧板上刻出蝴蝶图形；

（3）用一号主雕刻刀在翅膀上雕刻
出花纹，在蝴蝶触角后再划一刀，折
叠即可；

（4）将蝴蝶展开成型。

实例 2：白鹭

（1）用二号片刀将白萝卜切成厚片，用一号主雕刻刀划刻出白鹭外部轮廓；

（2）用一号主雕刻刀在砧板上刻出白鹭的翅羽，并用二号片刀将翅膀切开，成为双翅；

（3）加以点缀成型。

实例 3：天鹅

（1）用二号片刀将白萝卜、胡萝卜分别切成厚片；

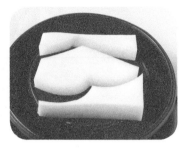

（2）将胡萝卜刻成鹅嘴形粘在白萝卜片上，用一号主雕刻刀刻出天鹅身体轮廓；

（3）将白萝卜切成厚片，用一号主雕刻刀刻成翅膀形状，再用刀片成两片；

（4）用戳刀修刻出翅膀上的羽毛状；

（5）用胶水将翅膀组合在天鹅身上；

（6）点缀成型。

实例 4：奔鹿

（1）用二号片刀将芋头切成厚片，用一号主雕刻刀雕刻出奔鹿的背部；

（2）用一号主雕刻刀刻出鹿的头及颈部轮廓；

（3）用一号主雕刻刀刻出鹿尾及腿部轮廓；

（4）刻出鹿角与腿部轮廓；

（5）将各部位修光后，用胶水粘接；

（6）点缀成型。

二、思考训练题

（1）练习蝴蝶的雕刻方法，思考昆虫类题材作品的雕刻工艺。

（2）练习白鹭、天鹅的雕刻方法，思考鸟类题材作品的雕刻工艺。

（3）练习奔鹿的雕刻方法，思考兽类题材作品的雕刻工艺。

三、考核评分标准

食品雕刻考核评分标准表

考核项目：平面类雕刻 考试时间：40分钟

序号	考核内容及分数分配	评分要素与要求		评分标准	检测结果	扣分	得分	备注
1	现场操作 15分	着装整齐	2分	未穿戴整齐扣2分				
		正确选择工具	3分	选错一件扣3分				
		考场纪律	3分	违纪扣3分				
		操作程序	4分	违反操作程序扣4分				
		考场卫生	3分	卫生不合格扣3分				
		操作时限		超时1分钟扣1分；超时10分钟，停止操作				
2	原料选择 10分	果蔬	10分	使用不可食用原料扣10分				
3	作品要求 70分	主题突出	5分	不符合要求扣1~5分				
		点缀合理	10分	不符合要求扣1~10分				
		刀法细腻	25分	不符合要求扣1~15分*				
		作品表面光洁、去料干净	10分	不符合要求扣1~10分				
		形象逼真、比例恰当	10分	不符合要求扣1~10分				
		寓意吉祥	5分	不符合要求扣1~5分				
		色彩搭配合理	5分	不符合要求扣1~5分				
4	盛装要求 5分	装盘盛器选择合理、盛装点缀合理	3分	不符合要求扣1分*				
		盘面洁净	2分	盘面不洁、散乱扣1分*				
5	器材设备	考生自备：雕刻原料、刀具、盛器		如因原料、刀具、盛器等造成考核失利，后果自负				
6		合计100分						

考评员： 核分员： 年 月 日

———————

*注：这些项目均有基础分。下同。

技能训练二　花卉类

一、花卉类雕刻制作实训内容

1. 技能目标

（1）掌握花卉类雕刻的基本程序。

（2）掌握直刻、旋刻、抖刀旋刻的雕刻手法。

2. 教学资源

（1）原料：白萝卜、胡萝卜、心里美萝卜。

（2）工具：一号主雕刻刀、圆口刀、V形戳刀。

圆口刀、V形戳刀如图 2-2-1 所示。

小号圆口刀、小号 V 形戳刀如图 2-2-2 所示。

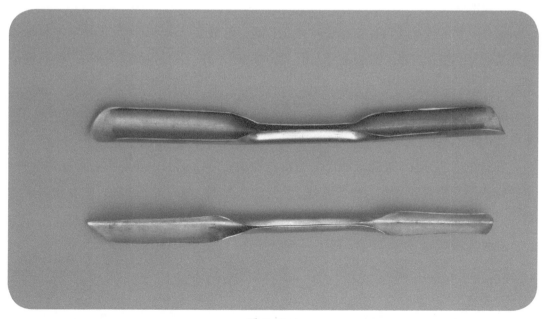

图 2-2-1

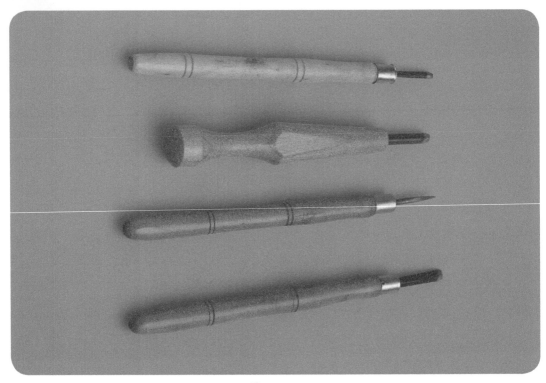

图 2-2-2

3. 知识要点

花卉品种的雕刻是食品雕刻中应用最广泛，也最受人欢迎，同时也是学习食品雕刻的基础。初学者大多从雕刻花卉入手，通过雕刻花卉，掌握各种雕刻手法，熟悉食品雕刻的技法。

雕刻花卉的原料应选用质地细密、色彩鲜艳、新鲜脆嫩的瓜果或蔬菜，如南瓜、白萝卜、胡萝卜、心里美萝卜、紫菜头等。

雕刻花卉的方法，按雕刻顺序分为由花瓣向花心雕刻和由花心向花瓣雕刻两种。主要雕刻手法有叠片雕刻、细条雕刻、曲线细条雕刻、翻刀雕刻、直刀雕刻和弧形雕刻等。

4. 成品特点

刀法简便、操作容易。

5. 小结

花卉雕刻以直刀刻和旋刀刻为主，形象逼真，是制作围边盘饰的理想作品。

实例1：杜鹃花

（1）用一号主雕刻刀将胡萝卜旋刻成长圆锥体；　（2）用一号主雕刻刀将圆锥体修成四方体；　（3）用直刻法刻出第一层花瓣；

 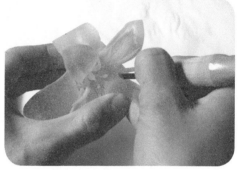

（4）用同样的方法雕刻出第二层花瓣，并将剩余原料修成圆柱体；　（5）用 V 形戳刀刻出丝状花蕊；

（6）点缀成型。

实例 2：马蹄莲

（1）用一号主雕刻刀将白萝卜斜切成马蹄状，胡萝卜切厚片；

（2）将白萝卜底部削去两块废料，胡萝卜刻成弓形花心初坯；

（3）将原料顶部平面修成桃形并刻出马蹄形缺口；

（4）用平口刀采用旋刀法将内部废料旋掉，使其成漏斗状；

（5）用刻刀将花瓣修薄、修光滑，胡萝卜花心同样修整光滑；

（6）将两者组合，用盐在花瓣边缘揉搓使之软化，从而得到比较自然的效果；

（7）点缀成型。

实例 3：牡丹花

（1）用一号主雕刻刀将心里美萝卜旋刻成馒头形；

（2）在底部平面用抖刀旋刻法刻出第一层三个花瓣；

（3）找好倾斜度剔除废料，用抖刀旋刻法刻出第二、第三层花瓣；

（4）继续用同样方法向中心旋刻直至花心；

（5）点缀成型。

实例 4 : 月季花

（1）用一号主雕刻刀将心里美萝卜旋刻成碗形；

（2）用一号主雕刻刀在坯体上，直刀削下五片半圆形废料形成花瓣位置；

（3）用直刻法刻出第一层花瓣；

（4）第一层五片花瓣；

（5）用旋刻法去除废料，用直刻法雕刻出第二层五片花瓣，再用旋刻法去除废料，使剩余原料形成圆柱体；

（6）用旋刻法刻出第三层花瓣；

（7）用旋刻法刻出螺旋包裹状的花心；

（8）点缀成型。

二、思考训练题

（1）总结叠片雕刻、细条雕刻、曲线细条雕刻、翻刀雕刻、直刀雕刻和弧形雕刻的操作方法及要领。

（2）练习花卉类雕刻作品的雕刻方法。

三、考核评分标准

食品雕刻考核评分标准表

考核项目：花卉类雕刻 考试时间：40分钟

序号	考核内容及分数分配	评分要素与要求		评分标准	检测结果	扣分	得分	备注
1	现场操作 15分	着装整齐	2分	未穿戴整齐扣2分				
		正确选择工具	3分	选错一件扣3分				
		考场纪律	3分	违纪扣3分				
		操作程序	4分	违反操作程序扣4分				
		考场卫生	3分	卫生不合格扣3分				
		操作时限		超时1分钟扣1分；超时10分钟，停止操作				
2	原料选择 10分	果蔬	10分	使用不可食用原料扣10分				
3	作品要求 70分	主题突出	5分	不符合要求扣1~5分				
		点缀合理	10分	不符合要求扣1~10分				
		刀法细腻	25分	不符合要求扣1~15分				
		作品表面光洁、去料干净	10分	不符合要求扣1~10分				
		形象逼真、比例恰当	10分	不符合要求扣1~10分				
		寓意吉祥	5分	不符合要求扣1~5分				
		色彩搭配合理	5分	不符合要求扣1~5分				
4	盛装要求 5分	装盘盛器选择合理、盛装点缀合理	3分	不符合要求扣1分				
		盘面洁净	2分	盘面不洁、散乱扣1分				
5	器材设备	考生自备：雕刻原料、刀具、盛器		如因原料、刀具、盛器等造成考核失利，后果自负				
6	合计100分							

考评员： 核分员： 年 月 日

技能训练三　鸟类

一、鸟类雕刻制作实训内容

1. 技能目标

（1）掌握食品雕刻的制作程序。

（2）掌握鸟类雕刻的基本程序及技法。

2. 教学资源

（1）原料：南瓜、芋头、胡萝卜、白萝卜、红樱桃、茄子皮、胶水。

（2）工具：一号主雕刻刀、划线刀、圆口刀、V形戳刀。

3. 知识要点：食品雕刻的制作程序

（1）构思。

（2）选料。

（3）定型。

（4）制作。

（5）布局。

（6）装饰。

鸟类雕刻是食品雕刻的重要组成部分，要求学习者有较高的美术基础。对线条的把握能力必须要强，要认真研究鸟类的构造及生活习性，并且要有熟练的刀功技术，这样才能把鸟类的神韵和细节表现出来。

4. 成品特点

造型多变，寓意吉祥，主要应用于宴会以烘托主题。

5. 小结

鸟类的姿态变化多样，鸟类的雕刻作品具有极强的艺术性，是食品雕刻的主要品种。鸟类的雕刻顺序大多数是由头开始，因此在雕刻时确定鸟头的位置尤其重要。

实例1：鸟头

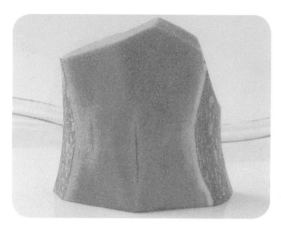
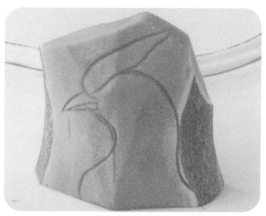

（1）将南瓜切成上薄下厚的斧头形片；　　　（2）用划线刀勾出鸟头部的大致线条；

（3）用刻刀按线去料，刻出鸟头初坯；

（4）刻出鸟嘴及鸟眼等细节；　　　（5）雕刻羽毛，安装鸟眼成型。

实例 2：鸟尾

（1）用一号主雕刻刀将南瓜切成厚片；

（2）刻成中间高、两边低的山坡形；

（3）修出鸟尾外部轮廓；

（4）用刻刀刻出鸟尾羽毛；

（5）用划线刀修出细节，成型。

实例 3：鸟翅膀

（1）用一号主雕刻刀将南瓜切成厚片，并修出鸟翅膀大形；　（2）用刻刀将各层羽毛位置确定下来；　（3）用刻刀划刻出鱼鳞状的小复羽；

（4）用刻刀去掉一层废料，再刻出第二层飞羽；　（5）去掉废料后，刻出第三层飞羽；

（6）刻出大飞羽，并进行细部点缀成型；（7）翅膀内侧修整成型。

实例 4：鸟爪

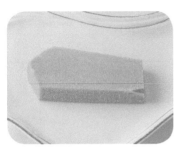

（1）用一号主雕刻刀将南瓜切成厚片；

（2）用划线刀划出鸟爪线条；

（3）按线去除废料形成鸟爪初坯；

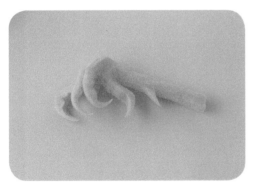

（4）刻出脚趾、趾甲；

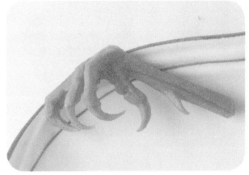

（5）刻出鸟爪上的细节；

（6）点缀成型。

实例 5：相思鸟

（1）将胡萝卜洗净去皮，将前端削薄；

（2）刻出鸟头颈部轮廓，并找出翅膀位置；

（3）去除翅膀下废料，将翅膀修圆，并刻出鸟尾轮廓；

（4）刻出鸟翅膀上的小复羽和二级飞羽；

（5）刻出大飞羽，用 V 形戳刀戳出鸟身体和尾部之间一层细绒毛，并刻出鸟尾细节；

（6）点缀成型。

实例6：仙鹤

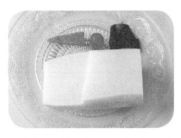

（1）将白萝卜两侧各切去一片厚片，将胡萝卜刻成鹤嘴状；

（2）将刻好的鹤嘴粘在白萝卜上，然后用刻刀刻出仙鹤颈部轮廓；

（3）用刻刀继续向下修刻出仙鹤的腿部及尾部，并按上竹签作腿；

（4）在白萝卜表面刻出仙鹤翅膀的外部轮廓；

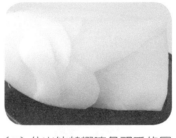

（5）分出仙鹤翅膀各羽毛的层次和位置；

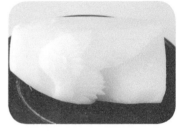

（6）用圆口刀、划线刀等工具刻出翅膀细节；

（7）用茄子皮雕出鹤尾，用红樱桃雕出丹顶；

（8）将所有刻好的部件组装在一起；

（9）点缀成型。

实例 7：雄鹰

（1）在牛腿瓜表面用划线刀勾出雄鹰的大体轮廓；

（2）用一号主雕刻刀按线去除废料，刻出雄鹰初坯；

（3）雕出鹰的钩状嘴及眼睛；

（4）刻出鹰身体与翅膀部位羽毛及细节；

（5）刻出鹰尾部及爪部细节；

（6）点缀成型。

实例 8：鹦鹉

（1）将芋头去皮洗净，修出鹦鹉大坯；

（2）刻出鹦鹉头部细节并镶上眼珠；

（3）雕出鹦鹉身体、翅膀和尾部上的羽毛；

（4）用胶水将芋头拼接刻出梅树枝干形状；

（5）刻出鹦鹉爪子，再刻出锁链、鸟食盆、梅花等所有陪衬，并将其组合即可；

（6）点缀成型。

二、思考训练题

（1）总结鸟类雕刻基本程序及技法。

（2）练习各种鸟的雕刻方法。

三、考核评分标准

食品雕刻考核评分标准表

考核项目：鸟类雕刻　　　　　　　　　　　　　　　　考试时间：90分钟

序号	考核内容及分数分配	评分要素与要求		评分标准	检测结果	扣分	得分	备注
1	现场操作 15分	着装整齐	2分	未穿戴整齐扣2分				
		正确选择工具	3分	选错一件扣3分				
		考场纪律	3分	违纪扣3分				
		操作程序	4分	违反操作程序扣4分				
		考场卫生	3分	卫生不合格扣3分				
		操作时限		超时1分钟扣1分；超时10分钟，停止操作				
2	原料选择 10分	果蔬	10分	使用不可食用原料扣10分				
3	作品要求 70分	主题突出	5分	不符合要求扣1~5分				
		点缀合理	10分	不符合要求扣1~10分				
		刀法细腻	25分	不符合要求扣1~15分				
		作品表面光洁、去料干净	10分	不符合要求扣1~10分				
		形象逼真、比例恰当	10分	不符合要求扣1~10分				
		寓意吉祥	5分	不符合要求扣1~5分				
		色彩搭配合理	5分	不符合要求扣1~5分				
4	盛装要求 5分	装盘盛器选择合理、盛装点缀合理	3分	不符合要求扣1分				
		盘面洁净	2分	盘面不洁、散乱扣1分				
5	器材设备	考生自备：雕刻原料、刀具、盛器		如因原料、刀具、盛器等造成考核失利，后果自负				
6		合计100分						

考评员：　　　核分员：　　　　　　　　　　　　　　　　　年　月　日

技能训练四　建筑类

一、建筑类雕刻制作实训内容

1. 技能目标

（1）掌握建筑类雕刻的基本雕刻程序。

（2）掌握镂空雕的技法。

2. 教学资源

（1）原料：南瓜、白萝卜。

（2）工具：一号主雕刻刀、划线刀、V形戳刀、大号圆口刀。

3. 知识要点

在食品雕刻中不仅有花卉、鸟虫的雕刻，还有器皿、建筑、家具等雕刻品种，这些品种的雕品应用广泛，如器皿雕刻作品可以作为盛器。

这类雕刻作品主要采用对称雕刻法来雕刻。对称雕刻法是指首先确定中轴或中心，然后去掉对称的块面。对称雕刻法是建筑类、器皿类雕刻制作的主要方法。

4. 成品特点

刀法细腻、讲究对称、棱角分明。

5. 小结

建筑类雕刻是食品雕刻中常见的题材，它对一个厨师的刀功有很高的要求，这是因为建筑都是有棱有角的，特别规范，所以雕起来不容易掌握。想要学好建筑雕刻要注意多观察生活，并刻苦练习刀功。

实例1：桥

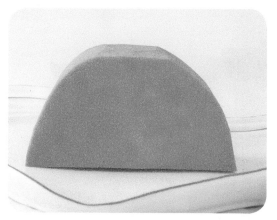

（1）将南瓜切成厚片并修成半圆形；

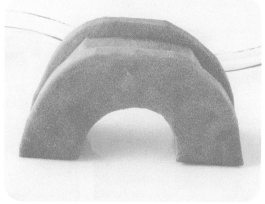

（2）用一号主雕刻刀刻出桥洞及栏杆、台阶的大体轮廓；

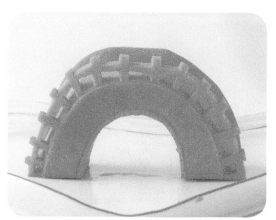

（3）刻出栏杆、台阶以及桥身细节；

（4）点缀成型。

实例 2：亭子

（1）将南瓜切成五面体；

（2）用大号圆口刀刻出亭子的顶部及柱子大坯；

（3）将亭子的檐角镂空；

（4）刻出台阶及柱子的坯型；

（5）将柱子中间镂空，同时雕出桌子即可。

实例 3：宝塔

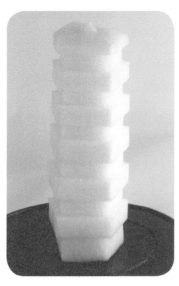

（1）将白萝卜切成上细下粗的五面体；

（2）用刻刀将宝塔分成六层或更多层；

（3）用圆口刀、主刻刀将塔檐刻出；

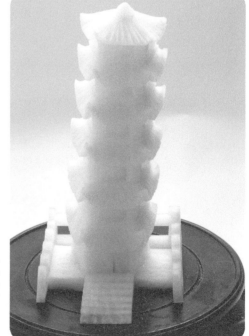

（4）用V形戳刀戳出瓦棱，刻出塔窗；

（5）另取原料刻出栏杆、台阶，组装成型。

二、思考训练题

（1）总结建筑类雕刻的基本程序及技法。

（2）练习各种建筑的雕刻方法。

三、考核评分标准

食品雕刻考核评分标准表

考核项目：建筑类雕刻 考试时间：90分钟

序号	考核内容及分数分配	评分要素与要求		评分标准	检测结果	扣分	得分	备注
1	现场操作 15分	着装整齐	2分	未穿戴整齐扣2分				
		正确选择工具	3分	选错一件扣3分				
		考场纪律	3分	违纪扣3分				
		操作程序	4分	违反操作程序扣4分				
		考场卫生	3分	卫生不合格扣3分				
		操作时限		超时1分钟扣1分；超时10分钟，停止操作				
2	原料选择 10分	果蔬	10分	使用不可食用原料扣10分				
3	作品要求 70分	主题突出	5分	不符合要求扣1~5分				
		点缀合理	10分	不符合要求扣1~10分				
		刀法细腻	25分	不符合要求扣1~15分				
		作品表面光洁、去料干净	10分	不符合要求扣1~10分				
		比例恰当	10分	不符合要求扣1~10分				
		讲究对称	5分	不符合要求扣1~5分				
		棱角分明	5分	不符合要求扣1~5分				
4	盛装要求 5分	装盘盛器选择合理、盛装点缀合理	3分	不符合要求扣1分				
		盘面洁净	2分	盘面不洁、散乱扣1分				
5	器材设备	考生自备：雕刻原料、刀具、盛器		如因原料、刀具、盛器等造成考核失利，后果自负				
6		合计100分						

考评员： 核分员： 年 月 日

技能训练五　浮雕类

一、浮雕类雕刻制作实训内容

1. 技能目标

（1）掌握浮雕的基本雕刻程序。

（2）掌握浮雕及镂空雕的技法。

2. 教学资源

（1）原料：南瓜。

（2）工具：一号主雕刻刀、划线刀、圆口刀、V形戳刀。

3. 知识要点

食品雕刻作品五花八门，千变万化，在用途和造型上也不尽相同，根据造型的表现形式大体上可分为以下六种：①整雕（也称圆雕）；②组装雕刻；③零雕整装；④内含雕；⑤浮雕；⑥镂空雕。

4. 成品特点

造型古朴、手法细腻、布局讲究。

5. 小结

浮雕是食品雕刻中的重要技巧，可分为深浮雕和浅浮雕两类。浅浮雕通常采用瓜皮等原料，按手法不同还可分为阴纹雕和阳纹雕；深浮雕通常与镂空雕相结合，常见的西瓜灯、南瓜灯等就采用这种手法。浮雕对雕刻者的美术功底要求极高，如同在原料表面作画，通常需要先画后雕。想要学好浮雕必先练习白描等美术技法。

食品雕刻入门

实例：绶带牡丹南瓜灯

  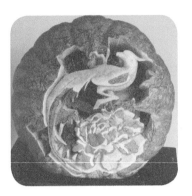

（1）用油笔在南瓜表面划出绶
带牡丹图案；

（2）将图案以外的部分镂空；

（3）用一号主雕刻刀刻出绶带
鸟及花的大坯；

（4）雕出绶带鸟的细节，并对牡
丹花进行进一步修整；

（5）将绶带鸟和牡丹花刻好，雕
出叶子等陪衬，然后将瓜瓤掏空；

（6）花特写；

（7）修整成型。

二、思考训练题

（1）总结浮雕类雕刻的基本程序及技法。

（2）练习绶带牡丹南瓜灯的雕刻方法。

三、考核评分标准

食品雕刻考核评分标准表

考核项目：浮雕类雕刻　　　　　　　　　　　　　考试时间：90分钟

序号	考核内容及分数分配	评分要素与要求		评分标准	检测结果	扣分	得分	备注
1	现场操作 15分	着装整齐	2分	未穿戴整齐扣2分				
		正确选择工具	3分	选错一件扣3分				
		考场纪律	3分	违纪扣3分				
		操作程序	4分	违反操作程序扣4分				
		考场卫生	3分	卫生不合格扣3分				
		操作时限		超时1分钟扣1分；超时10分钟，停止操作				
2	原料选择 10分	果蔬	10分	使用不可食用原料扣10分				
3	作品要求 70分	主题突出	5分	不符合要求扣1~5分				
		点缀合理	10分	不符合要求扣1~10分				
		刀法细腻	25分	不符合要求扣1~15分				
		作品表面光洁、去料干净	10分	不符合要求扣1~10分				
		形象逼真、比例恰当	15分	不符合要求扣1~10分				
		寓意吉祥	5分	不符合要求扣1~5分				
4	盛装要求 5分	装盘盛器选择合理、盛装点缀合理	3分	不符合要求扣1分				
		盘面洁净	2分	盘面不洁、散乱扣1分				
5	器材设备	考生自备：雕刻原料、刀具、盛器		如因原料、刀具、盛器等造成考核失利，后果自负				
6	合计100分							

考评员：　　　核分员：　　　　　　　　　　　　　　　年　月　日

技能训练六　立体类

一、立体类雕刻制作实训内容

1. 技能目标
（1）掌握立体雕刻的基本雕刻程序。

（2）掌握立体雕刻和零雕整装的技法。

2. 教学资源
（1）原料：牛腿瓜。

（2）工具：一号主雕刻刀、划线刀、圆口刀、V形戳刀。

3. 知识要点
见第一章相关内容。

4. 成品特点
造型典雅、寓意吉祥、手法细腻。

5. 小结
吉祥图案是食品雕刻中常见的题材，有些题材是中国特有的，如龙凤、麒麟等。它带有一定的民族文化性，在中国人传统节日、对外交往等活动中经常使用。吉祥图案雕刻特别是龙凤的雕刻对雕刻者的线条把握能力要求很高，刀功也要细腻传神。

实例1：龙头

（1）将南瓜切成前窄后宽的
　　大片；

（2）刻出龙鼻、角、额头的大
　　致方位；

（3）刻出龙眼、眉毛及龙角；

（4）刻出龙鼻及嘴的轮廓，注
　　意在嘴的根部要雕出獠牙

（5）雕出龙的耳朵、牙齿、胡
　　须及鬃毛；

（6）刻出龙舌；

（7）粘上龙须即可。

实例 2：龙身

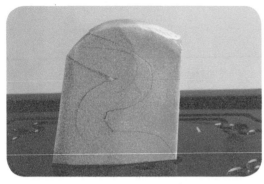

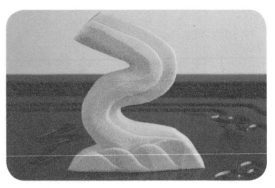

（1）将南瓜切成厚片，并刻出"S"形龙身，可参照蛇的身体；

（2）雕出龙身和背鳍的轮廓；

（3）刻出腹部和火焰状背鳍；

（4）刻出鱼鳞状龙鳞；

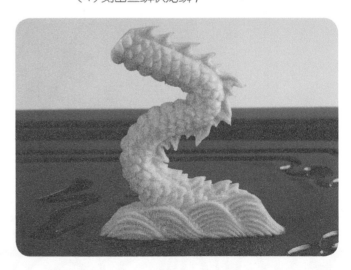

（5）点缀海浪成型。

实例 3：龙尾

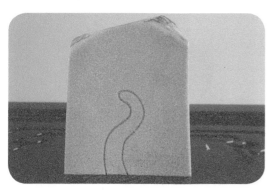

（1）将南瓜切厚片，用划线刀划出龙尾的大致轮廓；

（2）用主刻刀去除废料刻成龙尾大坯；

（3）刻出尾鳍轮廓；

（4）雕出鳞甲、腹节以及尾鳍上的细节；

（5）成型。

实例 4：龙爪

（1）将南瓜切厚片，用划线刀划出龙爪的大致
轮廓；

（2）用主刻刀去除废料刻成龙爪大坯；

（3）修刻出脚趾、鬃毛及肘火；

（4）刻出鳞片、鬃毛及脚趾等细节；

（5）成型。

实例 5：凤头

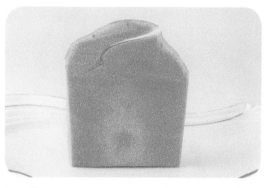

（1）将原料切厚片，用划线刀勾出凤头大致轮廓；

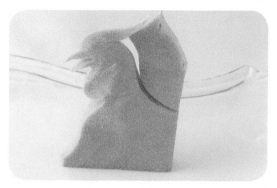

（2）按线去料，刻出凤头大坯；

（3）雕出凤嘴、凤眼、冠羽、肉垂等细节；

（4）安上灵芝状装饰物。

实例 6：凤尾

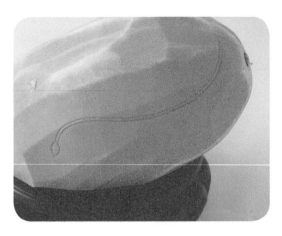 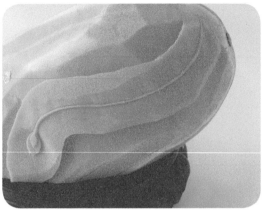

（1）将牛腿瓜去皮，用划线刀划出尾羽中心线；　（2）刻出尾翎及尾羽的位置；

（3）刻出火焰状尾羽，用 V 形戳刀
刻出细节；

（4）修饰成型。

实例 7：火焰和祥云

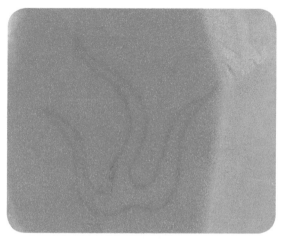 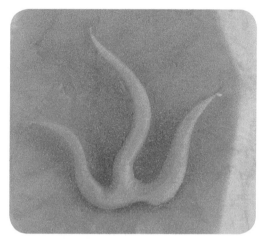

（1）将牛腿瓜去皮，用主刻刀刀尖划刻出火焰形　（2）火焰成品。
状，然后去除废料；

（3）将牛腿瓜去皮，用划线刀划刻出祥
云形状；

（4）用主刻刀按云的层次去料雕出云朵；　（5）成品。

实例 8：神龙戏珠

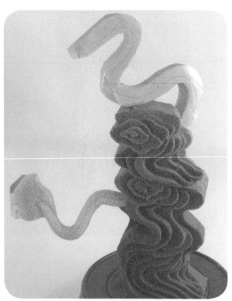

（1）将牛腿瓜切成厚片，用主刻刀分别雕成龙身、龙尾形状；

（2）刻出龙身细节，安上龙头；

（3）另取原料刻出背鳍粘在龙身上；

（4）刻出四个龙爪以及火焰、宝珠，组合即成。

实例 9：百鸟朝凤

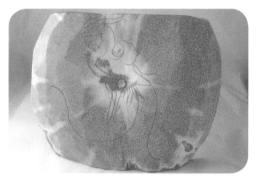 

（1）将南瓜去皮，用划线刀划出凤凰轮廓；　（2）刻出凤凰大坯；

（3）再刻出仙鹤、孔雀、鹦鹉、燕子等陪衬　（4）将凤凰及陪衬细节雕出；
小鸟的大坯并镂空；

（5）点缀成型。

二、思考训练题

（1）总结立体雕刻和零雕整装的基本程序及技法。

（2）练习龙、凤的雕刻方法。

三、考核评分标准

食品雕刻考核评分标准表

考核项目：立体类雕刻　　　　　　　　　　　　　　考试时间：180分钟

序号	考核内容及分数分配	评分要素与要求		评分标准	检测结果	扣分	得分	备注
1	现场操作 15分	着装整齐	2分	未穿戴整齐扣2分				
		正确选择工具	3分	选错一件扣3分				
		考场纪律	3分	违纪扣3分				
		操作程序	4分	违反操作程序扣4分				
		考场卫生	3分	卫生不合格扣3分				
		操作时限		超时1分钟扣1分；超时10分钟，停止操作				
2	原料选择 10分	果蔬	10分	使用不可食用原料扣10分				
3	作品要求 70分	主题突出	5分	不符合要求扣1~5分				
		点缀合理	10分	不符合要求扣1~10分				
		刀法细腻	25分	不符合要求扣1~15分				
		作品表面光洁、去料干净	10分	不符合要求扣1~10分				
		形象逼真、比例恰当	10分	不符合要求扣1~10分				
		寓意吉祥	5分	不符合要求扣1~5分				
		色彩搭配合理	5分	不符合要求扣1~5分				
4	盛装要求 5分	装盘盛器选择合理、盛装点缀合理	3分	不符合要求扣1分				
		盘面洁净	2分	盘面不洁、散乱扣1分				
5	器材设备	考生自备：雕刻原料、刀具、盛器		如因原料、刀具、盛器等造成考核失利，后果自负				
6		合计100分						

考评员：　　　　　核分员：　　　　　　　　　　　　　　　　　年　月　日

技能训练七　人物雕类

一、人物雕制作实训内容

1. 技能目标

（1）掌握人物雕的基本雕刻程序。

（2）掌握人物雕的技法。

2. 教学资源

（1）原料：芋头。

（2）工具：一号主雕刻刀、划线刀、圆口刀、V 形戳刀。

3. 知识要点

（1）人体比例：人体的正常身高为七个半人头，这样的比例在雕刻中应视人的性别、年龄灵活掌握，在食品雕刻中常常会运用夸张的手法表现人物的特征。例如，雕刻古代仕女的一般身高是八个半人头，这样可以突出仕女修长的身体；又如雕刻儿童的身高一般是六个头左右，这样可以突出儿童的天真与可爱。总而言之，人物雕刻要根据人物的特点而定，不能一概而论。

（2）头部的雕刻：头部一般分为由发际到眉毛、由眉毛到鼻尖、从鼻尖到下巴三个部分，这三个部分的长度相等，通常称为"三停"。眼的位置在头高 1/2 的横线上，但儿童眼睛的位置在头高 1/2 的横线以下，所以他们的五官距离较短。从正面看，脸部最宽的地方为五眼宽，通常称为"五眼"，两眼之间的距离为一眼的宽度。从侧面看，眼睛在鼻子高度的 1/3 处。口裂线位于鼻尖到下巴的 1/3 处。耳孔在头的中心，耳朵在耳孔稍后一点的位置。

（3）手部的雕刻：手的背面形状近似四方形，大拇指尖的水平线是手掌横向平分线，中指的中轴线是手掌纵向平分线。掌心略微下陷，连接大拇指的部分是手掌中最高的部分。从侧面观察手部，可以发现手指到手掌是由窄到宽的变化过程。在进行雕

食品雕刻入门

刻时，要根据所雕刻人物的特点雕刻手部。例如，雕刻青年男子要求手部粗状有力，而女子则要求灵巧纤细，婀娜多姿。雕刻老人的手部则要求苍劲有力，而儿童的手部则要求饱满光滑。

（4）服饰的雕刻：人物雕刻的题材大多来自古代传说，如昭君出塞、天女散花、福禄仙寿等。服饰以裙、袍、斗篷为主，雕刻时一般先用尖头刀刻出服饰的大致轮廓，而后用 U 形戳刀、V 形戳刀铲出服饰的褶皱。雕刻人物服饰时要注意服饰的款式应与人物相匹配，切莫张冠李戴。

4. 成品特点

比例准确、表情丰富、服饰协调。

5. 小结

人物雕是食品雕刻中重要的一部分，也是食雕各种题材中最难的一种。掌握人体比例、骨骼构造才能生动传神地刻画人物。有条件的话，最好先练习泥塑，然后进行人物雕，这样才能做到心中有数。

实例：福禄仙寿

（1）将芋头去皮洗净，雕出老寿星身体轮廓；

（2）仔细雕好老寿星面部、五官、表情以及衣纹；

（3）雕出老寿星手部细节；

（4）另取原料刻出龙头拐杖、宝葫芦并组合；

（5）刻出其他陪衬后组装即可。

（6）鹿特写。

（7）人物特写。

二、思考训练题

（1）总结立体雕刻和零雕整装的基本程序及技法。

（2）练习人物的雕刻方法。

三、考核评分标准

食品雕刻考核评分标准表

考核项目：人物雕类　　　　　　　　　　　　　　考试时间：180分钟

序号	考核内容及分数分配	评分要素与要求		评分标准	检测结果	扣分	得分	备注
1	现场操作 15分	着装整齐	2分	未穿戴整齐扣2分				
		正确选择工具	3分	选错一件扣3分				
		考场纪律	3分	违纪扣3分				
		操作程序	4分	违反操作程序扣4分				
		考场卫生	3分	卫生不合格扣3分				
		操作时限		超时1分钟扣1分；超时10分钟，停止操作				
2	原料选择 10分	果蔬	10分	使用不可食用原料扣10分				
3	作品要求 70分	主题突出	5分	不符合要求扣1~5分				
		点缀合理	10分	不符合要求扣1~10分				
		刀法细腻	25分	不符合要求扣1~15分				
		作品表面光洁、去料干净	10分	不符合要求扣1~10分				
		形象逼真、比例恰当	10分	不符合要求扣1~10分				
		寓意吉祥	5分	不符合要求扣1~5分				
		色彩搭配合理	5分	不符合要求扣1~5分				
4	盛装要求 5分	装盘盛器选择合理、盛装点缀合理	3分	不符合要求扣1分				
		盘面洁净	2分	盘面不洁、散乱扣1分				
5	器材设备	考生自备：雕刻原料、刀具、盛器		如因原料、刀具、盛器等造成考核失利，后果自负				
6		合计100分						

考评员：　　　核分员：　　　　　　　　　　　　　年　月　日

技能训练八　琼脂雕类

一、琼脂雕制作实训内容

1. 技能目标

（1）掌握琼脂雕的基本雕刻程序。

（2）掌握琼脂雕的技法。

2. 教学资源

（1）原料：琼脂冻。

（2）工具："庆鑫"琼脂雕刻刀（见图 2-8-1）。

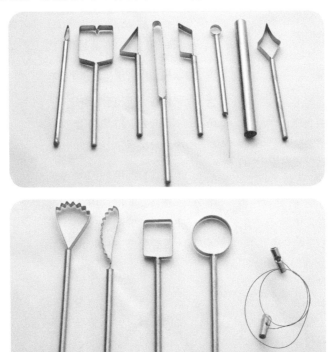

图 2-8-1　琼脂雕刻刀

3. 知识要点

琼脂又名洋粉、大菜，是海洋藻类的胶质提取物，在烹饪中主要用于凉拌、制冻、塑型。琼脂雕刻作品主要利用琼脂加热后呈液态、冷却后呈固态的特点，使用各种食品雕刻刀具，运用旋、刻、划、转、画、削、抠、戳、压等方法制作而成的。

琼脂雕刻坯料的常用制作方法有三种。

（1）蒸制法：将袋装琼脂泡 15 分钟，泡发后加入其重量 1/5 的清水，放入盆中，用保鲜膜密封，入蒸箱旺火蒸 40～80 分钟，融化后搅匀，加入食用色素调色，倒入方形或其他形状的盛器中，使其冷却定型即成。

（2）熬制法：将袋装琼脂泡 15 分钟，泡发后加入其重量 1/4 的清水，放入电饭锅中加热 30 分钟左右，融化后搅匀，加入食用色素调色，倒入方形或其他形状的盛器中，使其冷却定型即成。

（3）隔水煮制法：将袋装琼脂泡 15 分钟，泡发后加入其重量 1/5 的清水，放入铝锅或铝盆中，放入盛满水的大锅中，用中火煮制，并不断搅拌，直至琼脂完全融化后搅匀，加入食用色素调色，倒入方形或其他形状的盛器中，使其冷却定型即成。

4. 成品特点

色彩艳丽、造型典雅、晶莹如玉、刀法细腻。

5. 小结

琼脂雕是食品雕刻新兴品种，具有光洁如玉、富丽堂皇的特点。琼脂雕是采用海洋生物（石花菜或鹿角菜）的胶质提取物（琼脂）加水蒸制冷凝形成的凝胶冻作为原料，采用特殊的工具和技法雕刻而成的。琼脂雕最大的难点是原料过软，不易控制下刀深度，所以要采用特殊刀具来进行雕刻。在技法方面多采用深浮雕加镂空的方法来表现琼脂的质感，以达到如宝玉、似玛瑙的出奇效果。

实例：葡萄熟了

（1）取10袋琼脂用清水泡发，加1/4倍的水熬化，趁热用食用色素调色，倒入方形器皿中冷却即为琼脂冻；

（2）用特制刀具刻出小鸟、葡萄叶、南瓜大坯；

（3）刻出小鸟翅膀、头部、爪子等细节；

（4）刻出葡萄叶、藤蔓及残墙；

（5）另取紫色琼脂冻用挖球器挖成小球状，用牙签安在葡萄叶下作为"葡萄"即可；

（6）葡萄细节；

（7）点缀成型。

二、思考训练题

（1）总结琼脂雕的基本程序及技法。

（2）练习琼脂雕的雕刻方法。

三、考核评分标准

食品雕刻考核评分标准表

考核项目：琼脂雕类　　　　　　　　　　　　　　　　考试时间：180分钟

序号	考核内容及分数分配	评分要素与要求		评分标准	检测结果	扣分	得分	备注
1	现场操作 15分	着装整齐	2分	未穿戴整齐扣2分				
		正确选择工具	3分	选错一件扣3分				
		考场纪律	3分	违纪扣3分				
		操作程序	4分	违反操作程序扣4分				
		考场卫生	3分	卫生不合格扣3分				
		操作时限		超时1分钟扣1分；超时10分钟，停止操作				
2	原料选择 10分	琼脂冻	10分	使用不可食用原料扣10分				
3	作品要求 （70分）	主题突出	5分	不符合要求扣1~5分				
		点缀合理	10分	不符合要求扣1~10分				
		刀法细腻	25分	不符合要求扣1~15分				
		作品表面光洁、去料干净	10分	不符合要求扣1~10分				
		形象逼真、比例恰当	10分	不符合要求扣1~10分				
		寓意吉祥	5分	不符合要求扣1~5分				
		色彩调配合理	5分	不符合要求扣1~5分				
4	盛装要求 5分	装盘盛器选择合理、盛装点缀合理	3分	不符合要求扣1分				
		盘面洁净	2分	盘面不洁、散乱扣1分				
5	器材设备	考生自备：雕刻原料、刀具、盛器		如因原料、刀具、盛器等造成考核失利，后果自负				
6		合计100分						

考评员：　　　核分员：　　　　　　　　　　　　　　　　　年　月　日

技能训练九　黄油雕类

一、黄油雕制作实训内容

1. 技能目标

（1）掌握黄油雕的基本雕刻程序。

（2）掌握黄油雕的技法。

2. 教学资源

（1）原料：片状起酥黄油、铁丝、纱布、泡沫。

（2）工具：泥雕刀（见图2-9-1）。

3. 知识要点

黄油雕的制作方法可分为两种。

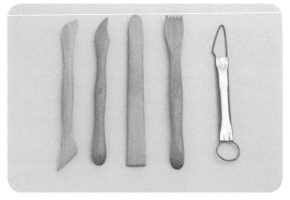

图 2-9-1

（1）用黄油直接雕刻。这种雕刻的成本较高，适用于小型雕刻，应用范围较小。具体操作方法是将黄油直接塑成雏形，再用雕塑刀刻画细节。

（2）用泡沫塑料雕刻成大致的形状后，将黄油均匀地涂抹在泡沫塑料上。这种雕刻方法成本相对较低，适用于大型雕刻，所以应用范围广泛。制作的方法是将泡沫塑料雕刻成雏形后，制成支架，将黄油涂抹在泡沫塑料上，再用雕塑刀刻画成型。

4. 成品特点

选料不受季节限制，成品便于长时间保藏，常温下可保藏1年左右（存放作品的房间必须干燥通风）。

5. 小结

黄油雕是源于西餐的雕刻技艺，成品光洁高雅，适合大型宴会及冷餐会的装饰。黄油雕塑与泥塑比较接近，操作步骤也大致相同，对雕刻者的美术功底要求很高，平时可以多采用泥塑练习，提高熟练程度。

实例1：奔马

（1）用铁丝、泡沫做成奔马的骨骼支架；

（2）取干净纱布将支架表面缠好，目的是增强黄油的附着力；

（3）将起酥黄油用手揉软，抹在做好的骨架上，塑出马的形状，入冰箱冷却，再用雕塑刀修刻出肌肉等细节；

（4）雕刻马头、马尾、鬃毛，修整成型。

实例 2：牛气冲天

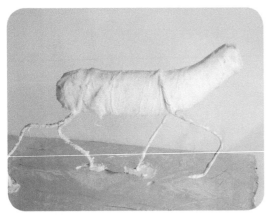

（1）用铁丝、泡沫做成牛的骨骼支架，并取干净纱布将支架表面缠好，以增强黄油的附着力；

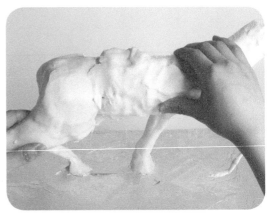

（2）将起酥黄油用手揉软，抹在做好的骨架上，塑出牛的形状；

（3）将作品入冰箱冷却，再用雕塑刀修刻出肌肉等细节；

（4）雕刻头、尾、角，安装上眼睛即可。

二、思考训练题

（1）总结黄油雕的基本程序及技法。

（2）练习黄油雕的雕刻方法。

三、考核评分标准

食品雕刻考核评分标准表

考核项目：黄油雕类　　　　　　　　　　　　　考试时间：180分钟

序号	考核内容及分数分配	评分要素与要求		评分标准	检测结果	扣分	得分	备注
1	现场操作 15分	着装整齐	2分	未穿戴整齐扣2分				
		正确选择工具	3分	选错一件扣3分				
		考场纪律	3分	违纪扣3分				
		操作程序	4分	违反操作程序扣4分				
		考场卫生	3分	卫生不合格扣3分				
		操作时限		超时1分钟扣1分；超时10分钟，停止操作				
2	原料选择 10分	黄油	10分	使用不可食用原料扣10分				
3	作品要求 70分	主题突出	5分	不符合要求扣1~5分				
		点缀合理	10分	不符合要求扣1~10分				
		刀法细腻	25分	不符合要求扣1~15分				
		作品表面光洁	15分	不符合要求扣1~10分				
		形象逼真、比例恰当	10分	不符合要求扣1~10分				
		寓意吉祥	5分	不符合要求扣1~5分				
4	盛装要求 5分	装盘盛器选择合理、盛装点缀合理	3分	不符合要求扣1分				
		盘面洁净	2分	盘面不洁、散乱扣1分				
5	器材设备	考生自备：雕刻原料、刀具、盛器		如因原料、刀具、盛器等造成考核失利，后果自负				
6		合计100分						

考评员：　　　核分员：　　　　　　　　　　　　　　　年　月　日

食品雕刻
精品赏析

食品雕刻入门

南极寿星

金鲤腾跃

人参仙童

喜上眉梢

喜上眉梢

龙腾云霄

绿色
家族

喜鹊
报喜

仙女
下凡

扬眉
吐气

绿水青山

腾云驾雾

食品雕刻入门

锦绣
前程

仙鹤
归来

114

福来
运转

喜事
临门

食品雕刻入门

喜事连连

飞黄腾达

成双成对

恩恩爱爱

金鸡报晓

菊花鱼

冷菜
组合

冷菜
组合

冷菜组合

冷菜组合

西湖一景

神仙鱼

菊花

金鲤鱼

神仙鱼

鲑鱼

剑鱼

幸福一家

和谐家园

声名鹊起

孔雀起舞

一枝独秀

喜气
洋洋

雄鹰
展翅

年年有余

自由自在

龙年大吉

秋景

龙凤
呈祥

声名
鹊起

悠然
自得

莲藕
同根

亭亭玉立

凤凰腾飞

春意

成双
成对

喜上眉梢

和谐

图书在版编目（CIP）数据

食品雕刻入门 / 朱成健主编. -- 杭州：浙江大学
出版社, 2020.12（2023.2重印）
ISBN 978-7-308-20708-9

Ⅰ.①食… Ⅱ.①朱… Ⅲ.①食品雕刻—中等专业学
校—教材 Ⅳ.①TS972.114

中国版本图书馆CIP数据核字（2020）第204462号

食品雕刻入门

主　编　朱成健

副主编　杜险峰　沈勤峰

策划编辑	阮海潮
责任编辑	阮海潮
责任校对	王元新
封面设计	杭州林智广告有限公司
出版发行	浙江大学出版社
	（杭州天目山路148号　邮政编码：310007）
	（网址：http://www.zjupress.com）
排　　版	浙江时代出版服务有限公司
印　　刷	广东虎彩云印刷有限公司绍兴分公司
开　　本	787mm×1092mm　1/16
印　　张	9
字　　数	168千
版 印 次	2020年12月第1版　2023年2月第2次印刷
书　　号	ISBN 978-7-308-20708-9
定　　价	69.00元

浙江大学出版社市场运营中心联系方式：（0571）88925591；http://zjdxcbs.tmall.com